青少年灾难自救丛书
QINGSHAONIAN
ZAINAN ZIJIU CONGSHU

天寒地冻

姜永育 编著

四川教育出版社

图书在版编目（CIP）数据

天寒地冻/姜永育编著. —成都：四川教育出版社，2016.10
（青少年灾难自救丛书）
ISBN 978-7-5408-6683-9

Ⅰ.①天… Ⅱ.①姜… Ⅲ.①寒流－气象灾害－自救互助－青少年读物 Ⅳ.①P731.21-49

中国版本图书馆CIP数据核字（2016）第244985号

天寒地冻

姜永育　编著

策　　划	何　杨
责任编辑	胡　晓
装帧设计	武　韵
责任校对	杜　宁
责任印制	吴晓光
出版发行	四川教育出版社
地　　址	成都市黄荆路13号
邮政编码	610225
网　　址	www.chuanjiaoshe.com
印　　刷	三河市明华印务有限公司
制　　作	四川胜翔数码印务设计有限公司
版　　次	2016年10月第1版
印　　次	2021年5月第2次印刷
成品规格	160mm×230mm
印　　张	8.75
书　　号	ISBN 978-7-5408-6683-9
定　　价	28.00元

如发现印装质量问题，请与本社联系调换。电话：(028) 86259359
营销电话：(028) 86259605　邮购电话：(028) 86259605
编辑部电话：(028) 86259381

引子 INTRODUCTION

　　寒潮来袭,大雪飘飞,如果野外迷路被困在冰天雪地中,你该如何逃生?

　　咱们一起去看看一名登山爱好者的逃生经历。

　　2012年1月中旬,一场寒流自北向南袭击北美洲,大部分地区雪花飘舞,气温剧降。1月14日,在美国华盛顿州的雷尼尔山区,一个叫金永春的人迷路了。金永春来自华盛顿州西部的塔科马市,是一名登山爱好者。这天上午,他和队友们一起攀登雷尼尔山时,不幸遭遇了暴风雪。

　　大风卷起雪花,天地间一片混沌,登山队员们赶紧四处寻找躲避的地方。当暴风雪停止之后,金永春悲哀地发现:身边空无一人,他和队友们彻底失去了联系!

　　更恐怖的是,他迷路了,而且手机没有信号,无法对外求助!

　　金永春没有慌乱,他决定在原地等待救援。下午,鹅毛般的大雪再次降了下来,山里一些地方的新雪已经有了20多厘米厚。在寒风的侵袭下，山区温度迅速降到了—9℃。寒冷，像一条鞭子猛烈地抽打着大地上的一切。金永春明白：如果不赶紧想办法取暖，他就会被冻死在这个荒无人烟的地方。

很快，一堆用枯树枝点燃地熊熊燃烧的篝火映红了雪地。火，给金永春带来了温暖，也带来了热气腾腾的食物——他用火烤熟了随身携带的食物，并烧开了融化的雪水饮用。

迷路后的当天晚上，篝火伴随金永春度过了一个难熬的夜晚。第二天，他还是无法与外界取得联系，而由于天气恶劣，山下的人们也无法出动直升机搜救。这一天，金永春不得不继续在风雪中煎熬下去。

气温越来越低，为了使火继续燃烧下去，金永春把附近所有的枯枝和树叶都捡完了。到了后半夜，当枯枝和树叶烧尽后，火焰渐渐低了下去。不能让火熄灭！他咬了咬牙，从背包里取出衣服、袜子等，将它们一一扔进了火堆里。当背包里所有的东西都烧光后，他又打开钱包，将里面的所有纸币取出来，一张一张地投入到火中。

在烧火的同时，金永春还不断进行运动以保持体温——凭借顽强的意志，他一直坚持到了天亮。第三天上午，三名上山搜救的队员终于发现了他。得救时，金永春身体状态良好，意识清醒，他甚至不必入院进行治疗。

这起事例告诉我们：第一，寒潮来临前，尽量不要到野外登山或游玩；第二，当遭遇暴风雪迷路时，千万不要慌张，更不要到处乱走，应在原地等待救援；第三，被困在雪地里时，一定要想办法保暖，防止身体被冻僵；第四，不要吝惜身边的物品，哪怕是贵重的物品，只要它们能够带来温暖，都可以充分加以利用。

怎么样，金永春逃生的故事够酷吧？如果你还想读到更多的灾难逃生故事、了解更多的寒潮逃生自救知识，那就赶紧翻开本书吧！

科学认识寒潮

冷神的传说 …………………………………………（002）
寒潮来了 ……………………………………………（004）
探秘寒潮"老家" ……………………………………（007）
冷空气大爆发 ………………………………………（009）
路有冻死骨 …………………………………………（011）
喷泉冰封，乌龟冻住 ………………………………（013）
暴风雪如灾难片 ……………………………………（015）
可怕的雪崩灾难 ……………………………………（018）
六月飞雪冻煞人 ……………………………………（020）
冷酷"魔鬼雨" ………………………………………（022）

关注寒流预兆

蜘蛛结网兆寒流 …………………………………… (026)
毛毛虫报寒流 ……………………………………… (028)
猪衔草，寒潮到 …………………………………… (029)
驯鹿南迁严寒到 …………………………………… (031)
大雁南飞寒流急 …………………………………… (033)
老鹰叫，大雪到 …………………………………… (036)
冬打雷，兆严寒 …………………………………… (038)
北风一刮起寒霜 …………………………………… (040)
南风暖来北风寒 …………………………………… (042)
"寒露"脚不露 ……………………………………… (044)
三月冻脚手 ………………………………………… (046)
冬暖春后寒 ………………………………………… (048)
树不落叶兆春寒 …………………………………… (050)
"九九歌"兆严寒 …………………………………… (052)
雨来雪不歇 ………………………………………… (055)
冬雪回暖迟 ………………………………………… (057)
严霜兆晴天 ………………………………………… (058)

寒潮逃生自救及防御

寒潮来袭不远行 …………………………………… (062)
切勿爬楼和攀高 …………………………………… (064)
雪天出行须小心 …………………………………… (065)
天寒地冻防冻疮 …………………………………… (067)

严重冻伤快急救 …………………………………………（070）

不让流感找上门 …………………………………………（072）

谨防老毛病 ………………………………………………（074）

小心你的眼睛 ……………………………………………（076）

风雪天多注意 ……………………………………………（078）

原地等待救援 ……………………………………………（080）

顺山沟逃生 ………………………………………………（082）

生火取暖保命 ……………………………………………（085）

挖雪洞保暖 ………………………………………………（087）

极地大逃生 ………………………………………………（089）

躲到屏障后面 ……………………………………………（091）

撑起生命的空间 …………………………………………（093）

寒流来临早知道 …………………………………………（095）

寒潮预警握先机 …………………………………………（097）

暴雪预警须重视 …………………………………………（099）

道路结冰要慎行 …………………………………………（101）

寒潮逃生自救基本准则 …………………………………（103）

寒潮灾难警示

2008年的那一场严寒 ……………………………………（106）

一级暴雪灾害 ……………………………………………（110）

欧洲强寒潮 ………………………………………………（113）

寒流暴雪虐美国 …………………………………………（117）

百年大雪袭中东 …………………………………………（121）

冰山引发大海难 …………………………………………（125）

可怕大雪崩 ………………………………………………（129）

科学认识寒潮

冷神的传说

气温剧降，凛冽的北风"呼呼"直刮，大片大片的雪花从天而降。哎呀，天气怎么这么寒冷？

古今中外，都流传有关于冷神的传说。

在中国古代的神话传说中，统管寒冷的是一位名叫"司寒"的天神。司寒是水神共工的儿子，这位"神二代"本应在天庭吃喝玩乐，逍遥自在，可是他却时刻想着替父亲报仇。这是为啥呢？原来，共工与火神祝融打仗失败后，十分恼怒，时刻想着卷土重来，不过祝融的势力实在太强大了，共工直到死都没能报仇。临死之前，这位憋屈了一辈子的天神嘱咐儿子："你小子要是有能耐，就把祝融那老家伙给我收拾掉吧！"

为了报仇雪恨，司寒想尽了一切办法，他一手制造了寒冬，把大地上的雨露都变成了雪霜，把土地、江、河、湖、海凝固和封冻起来。他又驱动严寒，把天地万物都变成了一片严寒无比的景象。面对司寒的全力攻击，火神祝融猝不及防，他没想到草包败将共工居然生出了这么个厉害儿子。大败之下，他把北方的地盘拱手让出了不少。不过，祝融也不是一个好欺负的主儿，经过一番充分准备后，第二年夏天他卷土重来，很快又把司寒打败，但到了冬天，他又被司寒打败……两人打来打去，最后的结果是谁也无法彻底打败谁，于是，大地便轮流由这两位神仙统治了。用今天的话说，火神祝融盘踞在赤道附近，每年，他都会驱使酷暑向北进攻，将司寒赶回北极。而司寒则占据北极，每年驱使严寒向南进攻,将祝融赶回赤道。因为两人交替占据上风,所以地球上便出现了春夏秋冬四季更替的景象。

因为司寒是冷神,他一到来,总会给人间带来严寒,导致庄稼冻坏,人畜冻死。为了减少冻害,人们便祭祀司寒,祈求司寒护佑,减少严寒天气的发生。中国春秋时期的《左传》就记载了祭祀司寒的故事:昭公四年(即公元前538年),人们选用黑色的雄畜为牺牲,用黑黍和郁金草酿造的美酒,十分虔诚地祭祀司寒,祈求司寒为人类免除灾害。

可是,不管人们多么虔诚,司寒却毫不留情,总是给人类带来极其严重的灾难。滚滚寒流袭来时,长驱直入,冻死人畜,冻坏庄稼,使大地变成一片银白。由于古代生产力极其低下,人们防御冻灾的能力较差,因此唐朝大诗人杜甫发出"安得广厦千万间,大庇天下寒士俱欢颜"的感慨。

除了司寒,中国神话中制造寒冷的神仙还有一位,这便是姑射仙子。传说这位仙子长得十分美丽,脸若银盘,皮肤像冰雪一样白皙晶莹,她走到哪里,哪里就会熠熠生辉。姑射仙子手里时常捧着一个琉璃净瓶,瓶内装着几片白雪。当一个地方需要下雪时,仙子就会飞临那里,并用黄金箸从瓶里敲出雪来。雪花一到空中,立刻一变十,十变百,百变千……同时,凛冽的北风也跟着刮了起来,大地上很快一片雪白。

欧洲也有关于冷神的传说。北欧是一个频繁遭受寒潮侵袭的地区,冷空气一来,整个斯堪的纳维亚半岛很快变成冰天雪地的世界。因此,古北欧人对严寒的感受可谓极深,在他们的眼中,严寒是由一位住在北极的冰雪巨人造成的。

在古北欧人的描述中,这位居住在北极冰窟下的巨人冷酷无比,每年冬季它都要南下袭扰。它一到来,就会发出"呜呜"的咆哮声,并用无形的巨嘴吹出寒风,同时,它会抖动身子,将漫天的白雪洒落到大地上,给人类带来冻害和雪灾。为了抗击万恶的冰雪巨人,保护人类的生存,北欧神话中的众神之王——奥丁坐不住了。他命令儿子雷神出击迎战巨人,同时,为了安慰寒冬中的人们,鼓励他们战胜严寒,他骑上八脚马驰骋于天涯海角,将一个个礼物分发给他们。据说,现在的圣诞老人便是奥丁神的后裔,这位白须白发的老头,每年都会像自己的祖先一样,在大雪飘飞的严冬给人们送来新年礼物。

寒潮来了

随着人类文明的发展和科学技术的进步,人们早就不再相信冷神了。

那么,严寒来自哪里?它又是如何产生的呢?

严寒也叫寒流,在气象学上,它又被称为"寒潮"。顾名思义,寒潮就是寒冷的空气像潮水一般源源不断地涌来,所经之地,气温剧降,北风凛冽,有的时候,寒潮还会形成降雪天气,在南方地区,则会形成冻雨。寒潮大多出现在冬季,有时秋末和初春时节也会有发生。为有效监测和防御寒潮,人们依据降温的多少给它制定了标准,如中国气象部门规定,一次冷空气入侵,若气温在 24 小时内下降达 10℃以上,同时最低气温降至 5℃以下,就作为发布寒潮警报的标准。不过,由于中国地域辽阔,南方和北方气候差异大,人们生产、生活的情况也迥然不同，各地的寒潮标准难以统一。如四川采用的标准是：48小时内日平均气温连续下降10℃以上，最低气温小于等于8℃，平均风力4级以上，就要发布寒潮预警信号。

寒潮带来的严寒天气，一直是人类的大敌。与暴雨、雷电、冰雹、龙卷风等不同，寒潮是一种大型天气过程，它是所有恶劣天气中影响范围最广的，一般情况下它能影响1000大均万平方千米的土地，连庞大的台风都只能望其项背。

当代最严重的一次寒潮，莫过于2008年初的低湿雨雪冰冻灾害。这年的1~2月，暴风雪、低温、雨雪和冰冻天气席卷了欧洲东南部和中亚，多个国家和地区遭遇了数十年乃至百年不遇的罕见严寒冰冻天气，导致逾千人死亡。而中国也在这次寒潮中受灾严重，据统计，截至当年2月25日，低温雨雪冰冻灾害造成1516.5亿元的直接经济损失，上海、江苏、浙江、安徽、福建、江西、河南、湖北、湖南、广东、广西、重庆、四川、贵州、云南、陕西、甘肃、青海、宁夏、新疆等地不同程度受灾，灾害造成100余人死亡、数人失踪，农作物受灾面积1.78亿亩，倒塌房屋48.5万间。

除了这次寒潮，21世纪前十年，全球出现的最严重寒潮有近10

次，即平均一年多便有一次强寒潮发生：

2004年1月，美国新英格兰各州在一个月内，频繁遭受北极南下冷空气影响，导致出现异常寒冷天气。波士顿的低温为114年一遇，纽约州一地区一月内降了150英寸雪。

2004～2005年，全欧南部及非洲北部经历了一个异常寒冷的冬季，许多地区发生罕见大风雪，寒潮使阿尔及利亚降雪，西班牙、葡萄牙及摩洛哥都观测到了几十年难遇的低温。

2005～2006年，东欧及俄罗斯经历了一个严冬，有些地区的气温跌破了30年来的纪录，一些极少下雪的地方也出现了积雪。

2007年三月底至四月初，全加拿大及美国遭受了一次严寒天气侵袭，农作物受霜冻影响结冰，大部分地方有强风及雨雪，当时欧洲部分地区也受到波及。

2008年2月初，美国阿拉斯加经历了8年来最强低温天气，费尔班克斯录得华氏零下50度（即-45℃）的低温，奇金最低曾录得华氏零下72度（即-57℃），与最低纪录华氏零下80度只差8度。

2010年，受北极震荡影响，整个北半球包含北美洲、欧洲与亚洲，受到不断涌进来的北极冷空气影响，降雪不断，使该年的春天也因此延迟。

2010年10月开始，整个北半球包含北美洲、欧洲与亚洲地区，冷气团不断南下并降雪不断，一直持续到2011年5月，使冬季气候持续在北半球长达七个月，该年的春季缩短至一个月。

2011年11月至2012年3月，亚洲与欧洲遭受严寒天气的侵袭，大部分地方有强风及雨雪，在日本及一些欧洲国家则出现异常低温。

「科学认识寒潮」

探秘寒潮"老家"

弄清寒潮是怎么回事后,你可能又会好奇了:形成寒潮的冷空气是从什么地方来的呢?

是呀,好端端的地球上,哪里来的那么多冷空气!

要弄清寒潮的"老家",我们就得知道地球上哪些地方最冷。大家都知道,地球是不停地围绕着太阳旋转的行星。白天,当太阳升起的时候,我们就会感觉到温暖甚至炎热,而夜晚太阳落山后,寒冷很快就会降临到大地上。可见,如果没有太阳的照射,地球将会多么的寒冷。

地球上,有两个地方离太阳相对"较远"(更准确的说法是太阳照射的角度较小),这里也是太阳照射最少的地方,这就是地球的南极和北极。中国古书中有记载:"极下不生万物,北极左右,夏有不释之冰。"意思是说极地不生长任何生物,北极附近,即使夏天也有不会融化的冰。因为得到的阳光很少,所以北极和南极终年冰天雪地,南极大陆一千多万平方千米的土地全由冰雪组成,而北极的北冰洋也被冰雪覆盖起来,与陆地几乎无二。

咱们先来说说北极。北极是指北纬66°34′(北极圈)以北的广大区域,也叫作北极地区。北极地区包括极区北冰洋、

边缘陆地海岸带及岛屿、北极苔原和最外侧的泰加林带。如果以北极圈作为北极的边界，北极地区的总面积是2100万平方千米，其中陆地部分占800万平方千米。北极是北半球冷空气的"大本营"。北极地区温度最低的地方，1月份的平均气温低到－48.9℃，极端最低气温低于－71℃。从北极出发的冷空气向南侵袭，形成一波又一波的寒潮，给北半球的人们带来严重灾害。在十分寒冷的冬季，冷空气甚至会穿洋越海，其前部"先锋"会到达赤道附近，与南半球的暖空气发生剧烈交锋，引发威力无比的飓风。

南极，自然就是南半球冷空气的"大本营"了。南极大陆的总面积为1390万平方千米，相当于中国和南亚次大陆面积的总和，在世界各洲中居第五位。整个南极大陆被一个巨大的冰盖所覆盖，它因此成为世界上最为寒冷的地区，其平均气温比北极低20℃。1960年8月24日，苏联的南极东方站曾观测到－88.3℃的低温。1967年，挪威在东方站西南700多千米的一个冰谷，观测到了－94.5℃的最低气温，这也是地球上人类观测到的最低气温记录。在这样的低温下，普通的钢铁会变得像玻璃一般脆；如果把一杯水泼向空中，落下来的竟然是一片冰晶。

与北极相反，南极的冷空气是向北方进军，由于这里的冰雪比北极更多，气温更低，因此冷空气的强度比北半球更为猛烈，所幸南半球陆地面积不大，人口也不如北半球，所以造成的冻灾不如北半球严重。不过，严冬时节，南极冷空气大军"杀"到赤道的次数更多，造成的台风也较多。据统计，西北太平洋的台风之所以是世界上最多的，很大一部分原因便是南半球冷空气"惹"的祸。

由此可见，我们平常感受到的严寒，都不是空穴来"风"，而是有"源"可查的。南极和北极可以说是寒潮的两个"老家"，它们就像无与伦比的巨型冰库，每时每刻都散发着冷气，当寒冷的空气积攒到一定程度时，就会形成寒潮，以摧枯拉朽之势向南或向北进发。

除了南极和北极,地球上还有一个地方也是常年冰天雪地,这就是巍巍耸立的青藏高原。

青藏高原总面积近 300 万平方千米,平均海拔 4000～5000 米,被称为"世界屋脊"。青藏高原实在是太高了,它就像地球戴的一顶帽子,因为"高处不胜寒",所以青藏高原十分寒冷,常年雪花飘飘,白雪皑皑,被称为地球的"第三极"。青藏高原的冷空气,虽然不像南极和北极那样形成寒潮肆虐人类,但它高大的"身体"却助长了地球上的季风,使亚洲东部成为最明显的季风气候区,在冬季,东亚冬季风与北极长途奔袭的寒潮"狼狈为奸",使冷空气强度更大,造成东亚广大地区降温幅度更大,降温地域更广阔。

冷空气大爆发

上面我们说过,寒潮是北极和南极的冷空气积攒到一定程度爆发形成的,不过,寒潮的"诞生"并不像我们想象的那么简单。

下面,咱们以中国为例,来看看北极冰库是如何"催生"寒潮的吧。

从地理上讲,中国位于亚欧大陆的东南部,以北地区是蒙古国和俄罗斯的西伯利亚。西伯利亚是气候很冷的地方,再往北去,就到了地球最北的地区——北极了,那里比西伯利亚地区更冷,寒冷期更长。到了冬天,太阳光的直射位置越过赤道到达南半球后,北极地区的寒冷程度更强,范围更大,因此北极和西伯利亚一带的气温很低。按照热胀冷缩的原理,温度越低,那里的大气密度越大。空气不断收缩下沉,气压因此越来越高,这样,冷空气便堆积形成一个势力强大、深厚宽广的冷高压气团。冷空气继续堆积，冷高压越来越强大，这就像我们平时吹气球一样，当球内的空气达到一定程度时，气球就会突然破裂，当冷高压"破裂"后，就会像决堤的海潮一样，一泻千里，汹涌澎湃地向中国涌来，这就是寒潮的"诞生"过程。

每一次寒潮爆发后，西伯利亚的冷空气就会减少一部分，气压也随之降低。但经过一段时间后，冷空气又重新聚集堆积起来，又在孕育着一次新的寒潮。

在南半球，南极的冷空气爆发形成寒潮的时间与北半球刚好相反，当北半球处于烈日炎炎的盛夏季节时，南半球正是冰天雪地的时候；而当北极冷空气一泻千里时，南半球则正是酷暑季节。

说起寒潮的"诞生"过程，咱们还不能不提到一个近年来很热门的词：极地涡旋。极地涡旋也简称为极涡，它是冬季到来时，在极地由于下沉空气受阻后形成的一股很强的旋转冷气流，这可不是一般的冷气流，它的范围很大，像一个巨型锅盖笼罩在极地上空。前面我们讲过了，寒潮是冷高压突然"破裂"后形成的，它之所以破裂，一方面是冷空气堆得太多，另一方面也与极地涡旋这个"锅盖"密切相关，这就像我们煮饭一样，把锅盖盖上后，锅内气压和温度都会急剧升高，而饭也会很快煮熟。

极地涡旋可以说是大规模冷空气的象征，它生成后，一旦偏离极地向南移动（在南极是向北移动），往往就会导致寒潮增多，威力增强。据统计，在过去10个冬天影响中国的171次寒潮中，有102次是亚洲上空出现持久极涡，其中6次强寒潮过程都与极涡在亚洲上空的位置明显偏南相关。如2016年1月下旬，"霸王"级寒潮来袭，中国大江南北"噤若寒蝉"，大雪纷飞，据气象专家分析，这其中的罪魁祸首便是极涡。

当然，寒潮也不尽是"罪孽"，它对调节地球上的冷暖平衡起着至关重要的作用，如果没有南极和北极的冰雪，我们的地球将会变成一个十分可怕的热气球，谁都别想在上面生存了。所以从这个角度来看，寒潮也能功过相抵吧。

路有冻死骨

剧烈降温是寒潮最明显的一大特点。低温有多可怕呢？咱们先通过一个事例感受一下。

2012年2月初，强寒潮自北向南袭击中国大部分地区，在内蒙古呼伦贝尔陈巴尔虎旗的哈吉区域自动站，气象人员观测到了零下50.7℃的极端低温——这么低的温度，对南方人来说不可想象，而对当地人来说也十分恐怖：这一天，人们的手机被冻得"不听使唤"，手指触屏完全没有反应，而相机也频频"罢工"，在室外一张照片也拍不成。城里人日子不好过，对牧民来说更是一场灾难，虽然采取了保暖措施，但仍有不少牛羊被冻坏了：有的鼻子被冻出血，有的腿被冻坏，有的尾巴冻烂，而有的更是被活活冻死。

气象专家指出,寒潮袭来时,往往会造成大面积的作物被冻害、河港遭封冻、交通被中断,严重的降温,还会造成人畜被冻死。

中国汉代刘歆在《西京杂记》上记载了一件十分恐怖的史实:公元前109年,中国遭遇持续寒潮袭击,大雪一下便是数十天,地上的雪深达到了五尺,气温骤然下降数十度,野兽鸟雀都被冻死,农户喂养的牛马等家畜也被冻得像刺猬般蜷缩起来,因为严寒,再加上饥饿威胁,首都长安及其周围被冻死的人多达十万以上,大街上随处可见被覆上白雪的尸体。

三国时期,淮南也遭到了寒潮的连续侵袭,天降大雪,一下便是数天,平地上的积雪达到了三尺以上,农户因严寒天气,被冻死者不计其数。冰天雪地里,吴国的将军全琮奉命率兵进攻魏国,结果还未开战,兵士和征来的民夫便被冻死数万人,战斗力一下被削弱,"南国"吴军被"北国"魏兵打得大败,军队死伤数十万人。

近代,虽然人类抵御自然灾害的能力增强,但寒潮冻死人畜的事件仍经常发生。1936年2月23～24日,一股冷空气从西伯利亚袭来,形成了威力巨大的强寒潮天气。寒流长途奔袭,在"天苍苍,野茫茫"的北方大草原上横行霸道。剧烈的降温,使许多地方的人们猝不及防,造成了大量的人畜死亡，仅甘肃酒泉一个地方便冻死 80 多人，而内蒙古的牲畜死伤达 70%～80%，茫茫大草原上死尸遍地，一派荒凉萧瑟的悲惨景象。1949 年 1 月初，强寒潮像一头魔兽一般，以摧枯拉朽之势袭击中国华东地区，一天之内，气温下降了 10℃以上，而且连续多日严寒无比，仅仅在一周之内，上海市区便被冻死 588 人，这其中 520 名是老人和小孩。

新中国成立后，强寒潮造成的灾难也比比皆是：1953 年 4 月 7～12 日，全国有 170 个县遭到寒潮侵袭，豌豆、蚕豆及春种黄豆、高粱几乎全部被冻死，全国农作物冻害受灾面积约 758 万公顷，国家为此拨出了大量救济费；1969 年 1 月 24～31 日，北起新疆，南至华南沿海均受到寒潮影响，黄河中下游以南至南岭以北广大地区出现冻雨，新疆因积雪、雪崩，造成交通、通信中断，机场停航 6 天，死亡 82 人；1975 年 12 月 3～12 日，全国大部地区遭到强冷空气突袭，广东、广西冻死耕牛 2.73 万头，海南岛冻死秧苗，损失谷种 3740 吨，广东佛山地区冻死塘鱼 5200 吨；1983 年 4 月 25～30 日，全国大部遭强寒潮袭击，22 个省（市、区）出现新中国成立后范围最大、危害最重的灾害，造成数千人死亡，受伤数万人，10 万头大牲畜死亡，直接经济损失数十亿元。

喷泉冰封，乌龟冻住

喷泉冰封，乌龟被冻住，这样严寒的天气你见过吗？

2016 年 1 月下旬，"霸王"级寒潮袭击中国，许多地方遭遇了严寒天气，网友们纷纷在微信朋友圈晒出了当地"冰封"的照片。其中，一个网友晒出的照片令人揪心：两只乌龟被冻在一块厚实的冰里，它们的四肢露在龟壳外边，一动不动，看上去似乎已经没有了生命迹象。

这两只乌龟还能活吗？主人为何狠心将它们抛在阳台挨冻？很快，这两只乌龟便刷爆了朋友圈，大家在指责乌龟主人的同时，不由自主地关心起它们的命运。在众人的一致"讨伐"下，乌龟主人终于出现了，他告诉记者：这两只乌龟是头天自己爬到阳台上去的，因为晚上忘了把它们拿回室内，所以导致被冻住了。幸运的是，两个小家伙并没有被冻死，身上的冰层融化之后，它们又生龙活虎地在屋里爬开了——看到乌龟主人发的新照片后，网友们终于放了心。

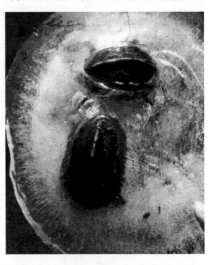

在这场撼动中国的"霸王"级寒潮中，不但北方地区雪花飘舞，南方大部分地区也被冰封。1月24日，地处长江下游的南京市迎来了极寒天气，当天下午，市民们惊讶地发现：多处室外喷泉已不再喷涌，往日飘逸纷洒的水花竟然凝固，被冻成了晶莹的冰瀑布，而水池边则挂满了各种形态的冰锥——冰锥与冰瀑布的融洽结合构成了一幅完美的画面，也成了当地一道独特的风景线。

在屡遭寒流肆虐的欧美，这种"冰冻"现象也不乏见。2010年冬季，一场强寒潮袭击欧洲。寒流从当年11月底，一直持续到12月下旬。近一个月的强降温和大雪天气，使得欧洲各国天寒地冻，许多城市被冰封。12月的一天早上，丹麦首都哥本哈根的居民起来后，看到自家房屋的窗棂上挂满了长长的冰凌，房顶更是被冰雪重重包裹，仿佛童话里的白雪世界，而更令人吃惊的是，街道和广场的喷泉全都被冻住，往日缤纷的水花不见了，矗立在那里的，是一座座奇异的雕像。

在德国的一个港口，近海的海面全被冻住，令人惊奇的是，冰面下竟然有一大群鱼儿，它们摇头摆尾，呈往前游动的姿势，不过，这些鱼儿全都不会动弹，因为它们被冻在了海冰里。人们推测，这些鱼儿当时正在港口附近游动，猛烈而突然的降温使海水迅速冻结，导致它们来不及游回深海，便被牢牢冻在了海冰里。

在美国，强寒潮同样可怕。2014年1月初，美国多地遭寒流袭击，一场接一场的暴雪从天而降，同时狂风呼啸，地面滴水成冰。严寒低温和暴雪共同"打造"的灾难十分恐怖，使得许多地方犹如灾难电影《后天》中的场景：被冻住的灯塔矗立在零下的严寒中，俨然如一个大冰柱；一辆辆汽车覆盖着厚厚的积雪，被冻在路边无法动弹；一些房屋被厚厚的积雪掩埋，只露出一个小小的屋顶……这场寒流引发的暴雪，给美国造成了严重的经济损失。

暴风雪如灾难片

强寒潮突袭时，带来的暴风雪天气十分可怕。

暴风雪，顾名思义就是既下雪，又刮大风。暴风雪天气出现时，一般风力达到了8级，当24小时降雪量达5毫米以上，水平能见度小于500米时，就被称为大雪，降雪量达10毫米以上时，被称为暴雪。

中国历史上，有记录的最大暴风雪发生在辽东。据记载，公元1641年（即明朝崇祯皇帝十四年）十一月初八日，一场史无前例的暴风雪袭击辽东，暴风雪整整持续了一天，积雪深达一丈多。厚重的积雪超过了农户的房檐，使得广大农村看上去全是一片银白，有许多人家的屋门因被暴雪堵住而无法打开。

2007年3月4日，一场恐怖的暴风雪再度降临辽宁的沈阳市。这一天对生活在沈阳的人们来说，仿佛经历了美国灾难大片《后天》中的恐怖场景。

这一天是元宵佳节，一场几十年不遇的大暴雪突袭，一天时间，几乎把一整个冬天的雪都下完了。

大暴雪是从2007年的3月3日夜间开始的。由于受强寒潮影响，这天夜里，北京、天津、河北东北部、辽宁中西部等地出现了56年来同期最大降雪，而稍稍向南的山东省，则被56年来同期最大的降雨横扫而过。据气象工作人员统计，辽宁是此次降雪量最高的省份，3月4日这天，全省普降暴雪，积雪深度在20厘米以上，很多地方被大风吹拢的雪堆，能将一个成人全部埋进去。由于暴雪积压，沈阳市皇姑区明廉农贸大厅3个拱形顶棚全部坍塌，造成1死7伤。

铺天盖地的暴雪，将整个沈阳市完全笼罩在白色的世界里，全市1300多所中小学停课，90多万学生滞留在家。有些地方积雪有齐腰深，大街小巷几乎看不到一个人影，市内交通处于瘫痪状态。整个辽宁11条高速公路持续全线封闭，沿海所有客、货运船舶全部停航。从沈阳始发的列车全部晚点运行，而沈阳桃仙国际机场也关闭并进入了紧急状态——海陆空交通中断，沈阳市几乎成了一座孤岛。

「科学认识寒潮」

"这个元宵节,过得像是《后天》里的日子。"沈阳铁路实验中学一名初三的学生这样形容。这天学校停课后,由于雪大无法坐车,他不得不步行回家。平时坐车只要15分钟的路程,他却在积雪中走了整整4个小时,快到家时,雪已经差不多齐腰深了。"整个城市就像《后天》里的场景,让人感到有些恐惧。"他心有余悸地说。

如果说这场暴风雪的场景像《后天》,那么比这更猛烈的暴风雪就更令人恐怖了。1977年,当代最大的暴风雪之一袭击了美国水牛城和纽约周围地区。水牛城正好位于美国五大湖东部的雪带上,在大多数的冬季,几米厚的雪是司空见惯的事情,然而,1977年的暴风雪比这还要糟糕。从加拿大来的湿润风以113千米每秒的速度吹了五天,大风把堆积在伊利湖冰面上的积雪卷起,然后倾倒在水牛城中,导致水牛城的积雪深度普遍在2米以上,有的地方积雪深度更是高达9米,许多低矮建筑和大量汽车被积雪掩埋,整个世界白茫茫一片。人们被困在无边无际的积雪中,不少人因为积雪太深而丧命。

2005年冬季,中国的山东半岛也遭遇了一场恐怖的暴风雪。2005年12月3日,第一场雪降临山东半岛的烟台、威海等地,从那时开始,大雪便盯上了这两个城市。在不到20天的时间里,威海市降雪折合降水量超过100毫米,烟台市也有80多毫米。暴雪使市区内的积雪深达半米,而最深处的积雪达到了2米。在厚厚的积雪压迫下,全市共坍塌各类大棚2450个,养鱼、养海参车间受灾面积达105190平方米,海带养殖受灾面积1800亩,猪舍坍塌2720平方米,工业企业厂房、仓库坍塌、损坏27万平方米,民房被压塌117间,船只损坏45艘,暴雪造成直接经济损失达3.7亿元。

可怕的雪崩灾难

暴风雪天气过后，山坡上堆满了厚厚的积雪。万籁俱寂之中，雪面下突然传来"咔嚓"一声闷响，慢慢地，雪面上出现了一条裂缝，紧接着，巨大的雪体开始向下滑动。雪体越滑越快，眨眼之间，巨大的雪体便变成了一条直泻而下的白色雪龙，声势凌厉地向山下飞奔冲去。

不好，雪崩来了！

为什么会发生雪崩呢？专家指出，造成雪崩的罪魁祸首是山坡上的厚厚积雪。在阳光照射下，积雪表层的雪渐渐融化，雪水渗入积雪和山坡之间，从而使积雪与地面的摩擦力减小；与此同时，积雪层在重力的作用下，开始向下滑动。滑动的积雪越来越多，从而便形成了雪崩。此外，有时外界一点点的力量，比如动物的奔跑、滚落的石块、刮风、轻微震动，甚至在山谷中大喊一声，都有可能引发一场灾难性的雪崩。

不过专家也指出，雪崩的发生要视条件而定，一般来说，25°～60°的雪坡均有雪崩的危险，而30°～45°的雪坡更是容易发生大雪崩。此外，向阳的雪坡由于融雪较快更易发生雪崩，而光滑、无植被或岩山表面的山坡也容易发生雪崩。从时间上说，新雪后次日天晴，上午9～10时容易发生雪崩。

雪崩被人们列为积雪山区的一种严重自然灾害，它具有突然性、运动速度快、破坏力大等特点。雪崩袭来时，其速度可达每小时200千米，能迅速摧毁大片森林，掩埋房舍、交通线路、通信设施和车辆，甚至能堵截河流，发生临时性的涨水。同时，它还能引起山体滑坡、山崩和泥石流等可怕的自然灾害。当然，雪崩最可怕的是活生生地将人掩埋，导致人员伤亡。

近代最大的雪崩灾难，是发生于20世纪70年代的秘鲁大雪崩：1970年5月31日晚，秘鲁瓦斯卡兰山峰附近发生了一场地震，猛烈震动导致山上积攒的大量冰雪松动，形成了十分可怕的大雪崩。冰雪如脱缰野马，奔腾着、咆哮着，带着巨大的气浪，喷着白色的烟雾，向着山脚下的容加依城呼啸而去。从睡梦中惊醒过来的人们来不及反应和逃跑，便被冰雪夺去了生命。雪崩扫过，现场十分惨烈，遇难者有的张着大嘴，瞪着双目而死，有的抱着头，蜷缩着身子而亡，而更多的人则连尸体也无法找到……这场大雪崩，将繁华的容加依城全部摧毁，2万居民死难，受灾面积达23平方千米，它也是20世纪十大自然灾害之一。

近年来，雪崩造成的灾难比比皆是：

2010年2月8~10日，阿富汗北部的帕尔万省萨朗山口及其附近地区，一共发生20多次雪崩，铺天盖地的雪体直冲而下，造成包括9名妇女和5名儿童在内的165人死亡，另有135人受伤。

2012年2月20日，美国华盛顿州史蒂文斯·帕斯滑雪场附近发生雪崩，导致3人死亡，8人失踪。史蒂文斯·帕斯滑雪场距离西雅图市130千米，是华盛顿州最受欢迎的户外娱乐场所之一。

2012年4月7日，巴基斯坦北部锡亚琴冰川地区发生雪崩，造成的大雪覆盖面积达1平方千米，厚度21米左右。由于雪崩地点靠近一座军营，因此导致139人被埋，其中包括124名巴基斯坦军人。

2015年4月25日，尼泊尔发生8.1级大地震，地震波造成珠穆朗玛峰山体晃动，引发致命雪崩，造成至少19人丧生……

六月飞雪冻煞人

什么，六月也会下雪？

先来看看中国元代著名戏曲家关汉卿在所著的《窦娥冤》中讲述的故事：孤苦无依的弱女子窦娥，被人无辜陷害，冤情无处伸张，反被受贿的贪官判处死刑。押赴刑场时，窦娥的冤情感动了上苍，在即将处斩的那一刻，火辣辣的六月骄阳突然隐去，天空阴云密布，转瞬狂风大作，正当人们惊恐不安时，天上竟然飘起了鹅毛大雪。

六月飞雪在现实世界中真会发生吗？当然会，只是这种天气现象十分罕见。历史上，不但中国北方出现过六月飞雪，南方的长江流域以及福建等地都下过六月雪。据江西《金溪县志》记载，公元1653年，"金溪夏六月，炎日正午，忽降大雪，仰视半空，玉鳞照耀，至檐前则溶湿不见"。在福建，1661年《建瓯县志》记有："建瓯六月朔大寒、霜降，初四日雨雪。"在现代，"六月雪"也并不鲜见。1981年5月31日上午，山西省管涔山区一带突然天气突变，先是凛风劲吹不息，气温迅速下降，接着铺天盖地的中高云层慢慢移到了管涔上空，将整个天空笼罩得严严实实。临近正午，就在人们惊疑不定时，天空忽然飘起了纷纷扬扬的雪花。雪越下越大，似鹅毛般大片大片地洒落到地面。这场百年罕见的大雪一直持续到 6 月 1 日下午 3 时才停止，整个管涔山区大雪封山，到处一片银白。这场雪的降雪量达到了 50 毫米左右，雪深 25 厘米，地面积雪三天后才完全融化。

1987 年 8 月 18 日下午 4 时许，上海市也曾遭遇了不期而至的降雪天气。这天是农历闰六月二十四日，按常理正是当地最为炎热和酷暑难耐的时候，然而，纷纷扬扬的雪花不但消除了炎热，还使得人们不得不穿上了厚厚的御寒衣服。据气象专家分析，此场降雪是因为一场雷阵雨之后，3000 米和 5000 米高空的气温迅速下降至 −4℃ 到 −7℃，这股高空冷空气与地面大量上升的暖湿水汽相遇，冷暖空气激烈交锋，结果冷空气占据上风，因而使天空降下了大量的雪花。

世界上，许多国家也出现过 6 月降雪的现象。1816 年夏季，西欧出现了罕见的反常天气：当地 6 月降雪不止，积雪深达 16 厘米，气温剧降，导致湖水结冰，路上行人穿起了厚厚的冬装，人们不得不在家里围着火炉取暖。反常天气一直持续到 8 月，各种蔬菜相继冻死，田地里的庄稼遭到了严重冻害。

高纬度地区的"六月雪"现象似乎不足为奇，令人惊奇的是，热带地区也曾下过六月雪。1982 年 7 月的一天，位于赤道附近的印度尼西亚伊里安岛的伊拉卡山区，就遭遇了历史上罕见的特大暴雪袭击，大雪整整下了 20 多个小时，当地气温骤降到零度左右。长期生活在热带地区的当地人，从未经受过如此严寒，许多人在身上涂抹上猪油以御寒冷。

"六月雪"是怎样形成的呢？气象专家分析认为，这种反常天气现象多半是由夏季高空的强冷空气入侵造成的：在气候异常的年份，冷空气盘踞在 3000 米以上的高空，使局部地区气温下降至 0 度以下，再加上近地层有暖湿空气上升，冷暖空气相遇从而产生了短暂的"六月雪"天气。

冷酷"魔鬼雨"

寒潮袭来时，有时我们会遇到一种奇特的雨，有人将它称为"魔鬼雨"。

什么是"魔鬼雨"呢？下面，咱们通过一个故事去了解一下。

操场上，同学们正在尽情地玩耍。下雨了，纷纷扬扬的雨点从天而降，落到人身上，让人感觉十分寒冷。但雨下了一分多钟，奇怪的是没有一点雨水的痕迹，倒是地面上结了一层薄薄的冰。

"大家可能很奇怪吧：雨下到地上，怎么就变成冰了？"教自然科学的王老师看着同学们，用很神秘的语气说，"这其实也是一种天气现象，不过，这种现象在我们这儿很少出现。"

"王老师，快给大家讲讲吧。"一个同学迫不及待地说。

"好，"王老师指着天空说，"其实这些雨在天上的时候，便十分的'冷酷'。因为云中的温度在 0℃ 以下，所以云中的小水滴大多都以过冷却水的方式存在。当这些过冷却水相碰并长大后，它们就从空中降下来了。如果不出意外，它们落到地面上就会变成雪花或冰粒。不过，当它们从高空下落时，遇到了一个相对比较温暖的气层，这个气层的温度在 0℃以上，所以，这些过冷却水滴经过'加热'后，继续以雨的方式下降。如果不出意外，它们下到地面上就会是液态的水。可是，这些雨在下落的过程中，又遇到了一个温度在 0℃以下的气层，所以，这些雨滴下到地面上就不见了。"

"王老师，是不是这些雨滴下到地面上就冻成冰了？"一个同学说。

"对。这种雨被称为冻雨。"王老师说，"因为它来去无踪，危害很多，在有些地方被大家称为'魔鬼雨'。"

没错，王老师口中的这种"魔鬼雨"，就是气象上所说的冻雨。冻雨是初冬或冬末春初时节见到的一种天气现象。当较强的冷空气南下遇到暖湿气流时，冷空气像楔子一样插在暖空气的下方，近地层气温骤降到零度以下，湿润的暖空气被迫抬升，并成云致雨。当雨滴从空中落下来时，由于近地面的气温很低，就会在电线杆、树木、植被及道路表面上冻结成一层晶莹透亮的薄冰，这就是"冻雨"，中国南方一些地区又叫作"下冰凌"，北方地区则称为"地油子"或者"流冰"。

冻雨不但对农业生产和输电线危害很大，冻雨落到路面上，还会造成路面结冰，严重影响交通运输。中国出现冻雨较多的地区是贵州省，其次是湖南省、江西省、湖北省、河南省、安徽省、江苏省及山东省、河北省、陕西省、甘肃省、辽宁省南部等地。历史上，中国冻雨危害最严重的是 1969 年。这年的 1 月下旬,一次全国性寒潮袭击,致使西北和江南、华南等地普遍降温近 20℃。在大范围降温的影响下,黄河中下游以南、贵州以东,南岭以北的广大地区连续出现了冻雨。大半个中国笼罩在冰晶的世界中,交通、电力中断,庄稼大片冰坏,特别是南方早稻烂秧,热带经济作物遭到严重冻害。2008 年 1 月,中国南方遭遇百年罕见的低温雨雪冰冻天气,冻雨袭击了十多个省,造成电线大面积崩断,钢架铁塔倒塌在地,广大农村断电长达一月甚至数月;交通中断使得数千万农民工不能按时返乡,冻雨造成的经济损失不计其数。

　　冻雨也给世界各国屡屡造成"麻烦"。2010 年 12 月下旬,罕见"冻雨"天气降临莫斯科以及俄中部地区,导致道路湿滑,部分地区电力供应中断。莫斯科和其他一些城市的机场跑道和飞机机身结冰严重,很多航班无法正常起降,大量乘客不得不滞留机场。

关注寒流预兆

蜘蛛结网兆寒流

与其他自然灾害一样,寒潮来临之前,一般都会有预兆。

与人类相比,一些动物对天气气候变化有着超乎寻常的感知力,从而能在一定程度上"预报"寒潮天气。

首先出场的"预报专家",是一位长着八只长脚的小个子,它圆鼓鼓的小肚子,看上去貌不出众,但却是一个飞檐走壁的"武林高手"。有一首谜语诗这样形容它:"南阳诸葛亮,稳坐中军帐,排起八卦阵,单捉飞来将。"

看到这里,你可能已经知道来者是谁了吧?没错,它就是有"独行侠"之称的蜘蛛。蜘蛛是我们最为常见的一种小动物,它们靠一张网养家糊口,经常守株待兔,坐等猎物上门,可以说是一个不折不扣的机会主义者。

那么蜘蛛是怎么"预报"寒潮的呢?咱们还是来看一个真实的故事吧。

1794年深秋,法国皇帝拿破仑率领一支军队进攻荷兰。拿破仑是一位杰出的军事家,在他的英明指挥下,法军勇猛善战,将荷兰军队打得大败。很快,法军追着败退的荷兰人,直逼荷兰要塞乌得勒支城。为了阻击敌人,荷兰统帅命令将通往城区的交通要道和桥梁全部炸毁。可是这样做仍然没法阻止法军,在法国人的猛烈炮火轰击下,乌得勒支城危在旦夕。眼看城堡快守不住了,荷兰统帅突然想出了一个损招:打开各条运河的水闸,用河水挡住法军的进攻!荷兰人说干就干,他

「关注寒流预兆」

们打开闸门,一条条水龙顿时像脱缰野马奔腾咆哮,瓦尔河水急骤上涨。在河水面前,法军迫不得已,只好下令撤退。

不过,就在法军准备撤退时,法军前锋部队统帅夏尔·皮格柳突然发现:在参谋部的屋檐下,有几个蜘蛛正在忙着抽丝结网。夏尔·皮格柳是拿破仑的老师,这是一个十分聪明

而且经验丰富的家伙。看到蜘蛛结网,夏尔·皮格柳心中暗喜,因为他清楚:这预示着干冷天气就要到来了!于是,他向拿破仑做了汇报,两人悄悄制订了一个新的作战计划。第二天,法军撤退到中途时,突然停止不前,在原地悄悄潜伏下来。果然,小小蜘蛛摆的"八卦阵",成了未来天气的"预告表"。第二天,一场强寒潮袭来,气温剧降,滴水成冰,一夜之间江河便封冻了起来。拿破仑的军队抓住战机转入进攻,当大军趟过冰河,出现在乌得勒支城下时,荷兰军队不禁目瞪口呆。

"蛛丝马迹"看起来是微不足道的线索,但它却对军事行动产生了举足轻重的影响!蜘蛛为何能"预报"寒潮天气呢?有人分析,这是因为寒潮到来后,在水汽含量少、空气很干燥的情况下,天空会出现晴朗少云的天气,会飞的昆虫这时都会倾巢出动寻找食物,因此,对寒潮天气比较"敏感"的蜘蛛就会提前织网,坐等这些昆虫主动送上门来——正是抓住了蜘蛛的这一特性,所以拿破仑军队打赢了这场战役。

不过,蜘蛛是否每次织网都能"预报"寒潮,这个目前仍说不清楚,它们的行为,只能作为我们判断寒潮天气的一个参考。

毛毛虫报寒流

接下来上场的这位"预报专家"长相不敢恭维,甚至可以说有点令人毛骨悚然。

这个家伙的身子呈小小的长条形,浑身长满刺毛,身上的颜色花里胡哨:脑袋和屁股呈黑色,中间的躯干呈红褐色——这种色彩搭配使它看起来很像一个恐怖分子。

不错,它确实是森林里的恐怖分子!这个叫"毛毛虫"的家伙,生长在美国的东北部和加拿大东部的一些地区,它们以森林为家,经常将树叶啃得光秃秃的。当毛毛虫大量繁殖时,会造成树木枯萎甚至死亡。不过,这些可恶的家伙在美国俄亥俄州却很受欢迎,从1973年开始,当地人每年都要举办一次毛毛虫盛会。成千上万毛毛虫被"请"到会场,接受人们的检阅,当地的电视名人和气象节目主持人还会到场助威呢。

人们之所以对毛毛虫如此器重,原来是这些家伙能"预报"寒流天气。秘密就在毛毛虫的背上,如果它们背上的那段棕色带非常宽,便意味着将迎来一个暖冬,而如果它们背部的黑色覆盖了大部分区域,便预示着接下来将会是一个严冬。

毛毛虫"预报"寒流的秘密至今无人能解释清楚,有人推测,毛毛虫可能会感知严寒,当它们"预报"到未来是严冬时,就会将背部

的颜色调整成黑色,以便在太阳出来时吸收更多的热量;当它们"预报"到未来是暖冬时,因为无须吸收太多的太阳热量,所以背部的颜色便变成了棕色。

下面,咱们再来看一位昆虫家族的"预报专家"。

这是一位身材玲珑、会展翅飞舞的小精灵,它就是大名鼎鼎的瓢虫。

瓢虫的身材真的是太小了,它身长只有5~10毫米左右,形状像半个圆球,身上的"衣服"十分鲜艳,有黑、黄或红色斑点。这位小精灵是人类的好朋友,从小时候开始,它便与害虫——蚜虫较上了劲,并成为消灭蚜虫的主力军。有人做过统计,一只七星瓢虫平均每天能吃掉138只蚜虫。

据统计,全世界有超过5000种以上的瓢虫,在亚欧大陆和北美洲,瓢虫随处可见。和所有的野生动物一样,瓢虫不会像人类那样拥有一个可以躲避风雨的住所。它们只能坚强地忍受各种恶劣的气候,有时它们会藏身于树叶之下,把树叶作为挡风遮雨的保护伞。人们通过观察发现,瓢虫对季节性的气候变化非常敏感,由秋入冬时节,一旦气温下降到12~13℃,它们便寻找一个温暖的地方,聚作一团冬眠,而当春天到来,它们又开始涌向户外。因此,有人将它们作为气温升降的指南:当瓢虫销声匿迹时,预兆着寒冷天气即将到来,而当它们出来活动时,预示着气温回升,春天即将到来了。

猪衔草,寒潮到

昆虫们的表演很给力,下面,该轮到重量级的"预报专家"出场了。

这位重量级的专家,是我们大家都耳熟能详的一种动物,虽然长得有点粗笨,但人家的祖先可不得了:曾在天庭当过元帅,后来又到西天取经修成正果——没错,它就是大名鼎鼎的猪八戒。

下面,咱们通过一个故事,看看猪八戒的后代是如何"预报"寒潮的。

寒假里,小华到乡下的外婆家玩。外婆养了一只又肥又大的黑毛猪,每天,小华都会跟着外婆到菜园里,采摘一些菜叶喂它。

这天傍晚,小华抱着一堆菜叶到猪圈去喂猪,突然发现黑毛猪不见了。"外婆,不好啦,大肥猪跑了!"小华惊慌不已,赶紧喊叫起来。

"它没有跑,在草下面藏着哩。"外婆走进猪圈一看,不禁乐了。她拿着一根木棍,朝猪圈里一个隆起的草堆打了一下,黑毛猪"哼"了一声,迅速从里面钻了出来。

"外婆,它今天是咋了,怎么钻到草里面去了呢?"小华感到迷惑不解。

"可能是天气要变了,"外婆抬头望了望天空,"这天看来要变冷了。"

"猪钻到草窝里,天气就会变冷?"小华还是头一次听说这样的怪事。

"是这样的哩,每次猪只要钻到草堆里去,第二天天气准会变冷。"外婆说,"过去我养过一只母猪,它冬天下了崽后,只要第二天天气要变冷,它就会不停地衔草做窝,把小崽们全都引到草窝里去,可准了!"

"猪也会预报天气?这也太神奇了吧。"小华半信半疑。

当天夜里,凛冽的北风"呜呜"刮了起来,气温迅速下降,到了第二天白天,天气冷得让人受不了,小华赶紧把羽绒服穿上了。他跑到猪圈里一看,黑毛猪躲在草窝里,正呼噜呼噜地睡大觉哩。

「关注寒流预兆」

黑毛猪真是神了！小华不由得对眼前这头看上去又肥又笨的黑猪暗暗佩服，同时，他非常想弄清楚其中的原因。回到城里后，他到网上去查了一下，发现原来猪真的能"预报"寒流哩，而且还有关于猪预报天气的谚语，如"猪衔草，寒潮到""猪筑窝，下大雪"等，意思都是说猪如果衔草筑窝，近期天气很可能就会转冷，出现剧烈降温或下大雪。

不过，猪为何能"预报"寒流天气，现在尚无科学的解释。有人分析，这是因为猪的鼻、嘴部无毛，能直接接触空气，因而对寒冷特别敏感，在寒潮到来之前它便有知觉，于是急忙衔草作窝；天气稍冷时，它便把长嘴巴伸入草中，再冷些就会全身钻进草里御寒。而母猪的反映更为敏感，因为它带着一群孩子，为了保护孩子们不受冻，它需要做一个很大的窝容纳全家，因此需要衔更多草，所以，在感知寒冷将临时，它就会比那些单身汉更忙碌了。

驯鹿南迁严寒到

现在出场的另一位重量级"预报专家"，是长期生活在冰天雪地中的居民，它就是北方有名的驯鹿。

驯鹿又名角鹿，不管是雌鹿还是雄鹿，都长着树枝状的鹿角，特别是雄鹿的大鹿角更是又大又复杂，看上去显得很精神。驯鹿们的居住环境比较特别,目前,它们主要分布在北半球的环北极地区,包括欧亚大陆和北美洲北部,以及一些大型岛屿。

别看驯鹿的名字里有一个"驯"字,其实驯鹿并非人类驯养出来的,特别是北美的驯鹿更是如此,它们纯粹是野生的动物。驯鹿虽然耐寒,一般的冰雪天气对它们无可奈何,但冬天到来时,环北极地区的极度严寒也令它们胆寒,特别是在这样的天气里,大雪飘舞,积雪深达数尺,它们难以找到食物。因此,每年冬季到来时,它们就会成群结队地往纬度稍低的地方迁徙,在亚北极地区的森林和草原中度过严冬。在北方生活的人们,只要看到大群的驯鹿迁徙来到本地,便知道距离严寒已经不远了,于是赶紧做好越冬保暖准备。

驯鹿的迁徙场面十分壮观,往往是数万只驯鹿一齐行动。它们总是由雌鹿打头,雄鹿紧随其后,秩序井然,边走边吃,日夜兼程,像一道白色的洪流在大地上涌动。冬天过去,春天到来,它们便又离开越冬的森林和草原,沿着几百年不变的路线往北进发。行进途中,它们会脱掉厚厚的冬装,生出新的薄薄夏衣,脱下的绒毛掉在地上,正好成了路标——就这样年复一年,不知道它们已经走了多少个世纪。

有人分析,驯鹿的迁徙与大雁南归一样,都是为了适应气候环境而采取的一种自我保护行为。它们的这种行为,在一定程度上反映了

季节寒来暑往的变化,因此可以作为人类活动的一种参考。

说完了驯鹿,咱们这里再介绍一位"预报专家"。这是一位小个子,它站立时的身高大约半米左右,体重只有5千克。这个小家伙长着可爱的短尾巴,手脚短短胖胖的,嘴巴前排有一对长长的门牙,一副呆呆傻傻的样子,十分讨人喜欢。

你可能已经知道它是谁了吧?没错,它的名字叫土拨鼠,也叫旱獭,它与松鼠、海狸、花栗鼠等是亲戚,都属于啮齿目松鼠科。土拨鼠主要分布在北美大草原至加拿大等地区,我国青藏高原等地也分布不少,别看它们模样傻里傻气,其实行动相当机警迅速。它们大部分时间待在地下洞穴里,出来活动时,它们不仅会随时察看周围情况,还会专门安排负责放哨的"警卫"呢。

土拨鼠不但机警,还会预报天气。在美国东部的宾夕法尼亚州,有一只名叫"菲尔"的土拨鼠,它是当地鼎鼎有名的天气预报员。每年的2月初,有人专门守候在菲尔出没的洞口。菲尔从洞里爬出来后,如果在阳光下看到了自己的影子,它就会大声尖叫,而一旦尖叫声响起,就预示着当地将会迎来超过6周的寒冬。科研人员说,"只要土拨鼠还能看到它自己的影子,那么这个冬天就不会结束……"

菲尔的预报秘诀是什么呢?至今人们仍没有弄清楚其中的原因。然而,美国国家气候数据中心做过一项调查,调查结果显示,土拨鼠预测天气的准确率只有39%。因而它们的预测只能作为一种参考。

大雁南飞寒流急

寒流"预报"大军,当然少不了天上飞的鸟儿,有些鸟儿"预报员"身怀绝技,"发布"的天气预报相当准确,称得上是人类的"气象顾问"。

首先出场的专家是大雁。

大雁是人们熟知的鸟类种群之一,又称为野鹅,属于天鹅类。它们是出色的空中旅行家,秋冬季节,大雁从老家西伯利亚一带,成群结队、浩浩荡荡地飞到中国的南方过冬;第二年春天,它们经过长途旅行,再回到西伯利亚产蛋繁殖。尽管飞行速度很快,每小时能飞68~90千米,但几千千米的漫长旅途,它们也得飞上一两个月。

虽然每一次迁徙途中都要历尽千辛万苦,但大雁们春天北去,秋天南往,从不失信。不管在何处繁殖,何处过冬,总是非常准时地南来北往。中国古代有很多诗句赞美它们,如南宋诗人陆游的"雨霁鸡栖早,风高雁阵斜",唐代诗人韦应物的"万里人南去,三春雁北飞"等。

大雁为何要不辞辛劳地年年迁徙呢?让咱们通过一个童话来了解一下吧——

在北方的一个湖泊边,一只绰号叫"丑小鸭"的年轻大雁独自在湖边寻找食物。由于太年轻了,他身上的羽翼尚未丰满,身体看上去显得很单薄。

远处,他的母亲正着急地到处寻找他。

"嘎,嘎",母亲高声呐喊,她每过一会儿便要抬头看看天空,神情显得很焦急。

"妈妈,我在这里哩。"丑小鸭听到了母亲的呼唤,不过他只是漫不经心地应了一声,继续低头寻找湖里的小鱼。

"孩子,你真是太气人了,独自出来也不告诉我一声,害得我到处找你。"母亲有些生气地说,"快点给我回去吧!"

"妈妈,我只是在这里捉鱼,又没干坏事。"丑小鸭的倔脾气上来了,"我不想回去!"

「关注寒流预兆」

"叔叔阿姨们都走了,难道你还想待在这里?"母亲气得脸色都变了。

"走了?他们到哪里去?"丑小鸭抬起头,一脸茫然。

"到南方去呀!"母亲一边回答,一边焦灼地望了望天空,那里,大雁们正排成"一"字形长队,缓缓向南方飞去。

"这里是我们的家乡,为什么要到南方去呢?"丑小鸭挺奇怪。

"因为这里很快就要进入冬季,再不走,严寒一到,这里就会成为一个冰天雪地的世界,你会被冻僵的。"母亲耐心地解释,"孩子,这是咱们大雁家族的传统,你虽然年轻,羽翼也不够丰满,但也必须随大家一起去温暖的南方过冬。"

"那咱们走了后,还会回来吗?"

"当然要回来,明年春天天气暖和后,咱们还会回到这里来生活。"母亲拍了拍丑小鸭的肩膀说,"快走吧,你爸爸在那边已经等得很着急了。"

丑小鸭回头看了看自己从小一直生活的湖泊,恋恋不舍地跟在爸爸妈妈身后,向遥远的地方飞去……

看完这个童话,你应该明白了吧:大雁迁徙,其实是为了避开北

方的寒流。它们每年大约在秋分之后飞往南方越冬，春分后又飞回北方繁殖。人们将大雁称为寒潮预报专家是有一定道理的：当北方有冷空气南下时，大雁往往结队南飞，以躲过寒潮带来的风雨低温天气，民间谚语"大雁南飞寒流急"说的正是这个意思。此外，还有"八月初一雁门开，大雁脚下带霜来""群雁南飞天将冷，群雁北飞天将暖"等，意思也都差不多。

秋夜里，迁徙途中的大雁还会用更加独特的方式发布气象信息，人们经过验证总结出这样的谚语：一只雁叫天气晴，二只雁叫雨淋淋，三只四只群雁叫，当心大雨过屋顶。据分析，这是因为啼叫的大雁越多，表明空中的湿度越大，预示着大雨将至。

老鹰叫，大雪到

冬天来临，气温剧降之时，还有一些鸟也能提前感知，并向人类通风报信。

老鹰，也叫鸢，它是一种凶猛的食肉猛禽。老鹰不像大雁那样，冬天到来便迁徙到南方去过冬，它们会坚守在自己的家乡，与猛烈的严寒天气做斗争。在一些地区，人们会将老鹰驯化，让它帮助打猎。鹰属于"闷葫芦"性格，平时一般很少发出叫声，它发出叫声的情况有两种：一种是当地面有食物可猎取时，它十分兴奋，于是便情不自禁地叫出声来；另一种是冬天气温降得很低，它感到十分寒冷时才会鸣叫。人们通过观察，发现老鹰鸣叫时，往往会下大雪，因此总结出了"老鹰高空叫，大雪就来到"的谚语。

那么，老鹰为什么能预报大雪呢？原来，当寒潮到来，地面上气

「关注寒流预兆」

温骤降时,空中的温度降得更低,老鹰在高空飞行,最能体会这种冷的滋味,因此它才会不停鸣叫——反过来说,老鹰鸣叫,说明高空气温很低,下雪的可能性极大。

小小的麻雀也能"预报"下雪天气。如果麻雀不停外出寻找食物,并把这些食物囤积起来,那么就预示近期可能要降温下雪,所以民间有"麻雀囤食要落雪"的谚语。

能"预报"寒流的鸟儿还有我们熟悉的乌鸦。乌鸦因为经常"呱呱"乱叫,惹人讨厌,因此"乌鸦嘴"被人们用来形容那些乱说话、吹大牛的人。不过,冬天里的乌鸦"呱呱"叫可是有原因的:一是冷得受不了,二是因为天冷找不着食物,内心焦灼。因此,古人将它们称之为"寒鸦",并在诗词中用它们来衬托寒冷、萧瑟的深秋,如元朝重要散曲家张可久这样写道:"对青山强整乌纱,归雁横秋,倦客思家。翠袖殷勤,金杯错落,玉手琵琶。人老去西风白发,蝶愁来明日黄花。回首天涯,一抹斜阳,数点寒鸦。"南宋文学家文天祥也有"古庙幽沉,仪容俨雅,枯木寒鸦几夕阳"的描述。

不过,上述几种鸟"预报"寒潮的准确性有多高,这个谁也说不清楚，所以它们在寒潮来临前的种种反常表现，只能作为我们的一种参考。

冬打雷，兆严寒

"轰隆隆"，打雷了！

冬天也会打雷，这可不是开玩笑吧？没错，天上确实是在打雷。冬打雷是一件十分稀罕的事情，中国古代的诗词中，就有"山无棱，江水为竭，冬雷震震，夏雨雪，天地合，乃敢与君绝"这样表达爱情的诗句。这是女子对爱人深情的表白：除非自然界最永恒的规律发生了怪变，我才敢和你断绝关系。从中我们可以看出，在古人的心目中，冬雷震震和夏雨雪一样，都是违背自然规律的怪异天气现象。

不过，冬打雷现象确实存在，特别是近年来，在全球气候变暖的大环境下，冬雷震震的现象时不时便会出现。

中国民间通过对冬打雷现象的长期观察，总结出了一个规律：冬天打雷，预兆着未来天气会比较寒冷，因此有"冬打雷，兆严寒"之说，民间也有"雷打冬，十个牛栏九个空"的谚语，意思是说，冬天打雷，暖湿空气很活跃，冷空气也很强烈，天气阴冷，冰雪多，连牛都可能被冻死。此外，还有"冬天打雷雷打雪"之说。雷打雪，指的是在降雪的同时伴有打雷现象，据专家分析，其主要原因是之前暖湿空气势力较强，冷空气下来的时候，产生了较强的对流天气，从而引发了雷电活动。

冬打雷预兆严寒的事例比比皆是。1990年12月21日下午，沈阳、鞍山、宽甸、丹东、岫岩等地上空黑云翻滚，铺天盖地的云层把大地笼罩得严严实实，从13时开始，大片大片的雪花从天而降，很快大地上便白茫一片。奇怪的是，在大雪纷飞的同时，天空还伴随着轰隆隆的雷声。雷声一直没有停歇。直到傍晚，飘飞的雪花逐渐减弱后，雷声才偃旗息鼓停歇了下来。这场冬打雷带来了极度严寒的天气，给当地造成了较大损失。据气象专家分析，这次下雪天打雷的天气，是由一个发展强烈的气旋暖锋引发的：大量的暖湿空气沿着干冷空气向上爬升，冷暖空气之间剧烈交锋，由于双方力量相当，汇合十分激烈，因而产生了强烈的上、下空气对流，发展形成了雷暴云，再加上云底是低于零度的冷空气，符合降雪的条件，所以出现了云中打雷、云底下雪的天气现象。

2011年11月29日晚，贵州省贵阳市普降中到大雨。当晚23时4～19分，贵阳市的市民们听到天上传来"轰隆隆"的雷声。据防雷中心的监测数据显示，当晚贵阳发生4次强雷闪击。据专家分析，这场雷雨主要是由于白天温度比较高，冷空气南下与暖空气交汇后产生对流天气形成的。这场雷雨一下，当地气温随即剧烈下降：29日14时气温为18.3℃，而30日14时气温仅为9.6℃，降幅达8.7℃，并且气温仍在继续下降，市民们不得不穿上了厚厚的冬衣。

除了冬雷，有时早春时节，打雷也预兆着严寒天气，民间因此有

"春雷十日阴，春雷十日寒""春雷日日阴，要晴须见冰"等谚语。据气象专家解释，这是因为春天打雷多数都是锋面雷雨造成的。锋面雷雨是由于冷暖空气交错过程中，发生强烈扰动对流发展起来的雷雨系统。春天一打雷，就意味着有锋面存在，而且距离本地不远，不久之后，锋面就会移到本地。在它的影响下，本地势必有一段阴雨严寒天气，这就是"春雷十日阴，春雷十日寒"的由来。

至于"春雷日日阴，要晴须见冰"，这是说阴雨天气要结束，天气要晴好，必须得等到结冰。因为只有北方冷空气加强南下后，冷锋向南移动，本地转受锋后冷高压控制，天气才可能转好。在此期间，在冷空气控制下，晚上辐射冷却加强，气温本身很低，所以晚上经常发生结冰现象，因此说"春雷日日阴，要晴须见冰"。

北风一刮起寒霜

北风一刮，呀，气温眼看着下降了，真冷啊！

北风，可以说是寒流的开路先锋，它的出现，预兆着寒冷空气即将南下。

星期天下午，小明准备回到学校去了。他家离学校较远，所以他平时都住在学校，只有周六才能回家住一天。

"冬天已经到了，你这次回学校，多带点衣服。"妈妈拿出一件羽绒服说，"把这个也带上吧。"

"这件衣服太厚了，我的箱子装不下。"小明不情愿地说，"现在天气这么晴朗，谁穿羽绒服呀？"

小明说的没错，虽然已经进入冬季了，但冷空气似乎还远着呢，

「关注寒流预兆」

几乎天天都是大晴天,有时一玩还会出一身大汗。

"万一降温咋办?"妈妈担忧地说,"我和你爸都要上班,我们不可能把衣服给你送到学校去,要是你冻感冒了,怎么学习呀?"

"天气这么好,这周应该不会降温。"小明大大咧咧地说。他提着箱子就要出门,这时,爸爸从外面回来了。

"先等等,我下午收到了天气预报,说这两天要降温。"爸爸拦住小明说,"我刚才从广场路过时,看到一个大爷在放风筝,我留意观察了一下,发现风向从南风变成了北风,看来降温已经开始了。"

"真的啊?"小明看了看窗外,有些犹豫不定,"刮北风就一定会降温吗?"

"是呀,俗话说'北风一刮起寒霜',你快别犯浑了,赶紧把衣服带上吧。"爸爸不由分说,把羽绒服硬塞进了小明的箱子里。

这天晚上小明回到学校,后半夜,北风越刮越猛,气温跟着迅速下降。第二天早上起来,呀,天真冷啊!他赶紧把羽绒服取出来穿上。

为什么北风一刮,寒冷天气就跟着来临了呢?我们都知道,风是由于空气流动而产生的,刮南风就是南方的空气向北流去,刮北风就是北方的空气流向南方,而刮东风是东面空气流向西面,刮西风就是西面空气向东面流去。风就像流水一样,也是由"高处"向"低处"流动。在遥远的北极和南极,寒流越聚越多,最后形成一个庞大的冷高压。这个冷高压形成后,就会像潮水一般向南移动(在南半球是向北移动),而风就是冷高压的开路先锋。在北半球,寒流南下正是凭借风力的传送,所以说,凛冽的北风一刮，寒冷天气就会迅速到来了。秋天，正是一阵接一阵的北风，使得万物萧瑟、寒意很快降临大地，为进入冬季奠定了基础，所以有"一阵秋风一场寒，十阵秋风穿上棉"之说（这里的秋风，即是指北风）。而在春季刚好相反，春季里刮的是东风，东风温暖而湿润，东风一刮，气温跟着回升，万物复苏，所以民间有"一场春风一场暖"的谚语。

关于北风的谚语较多，如"北风无露定有霜"，说的是北风一刮，气温就会跟着下降，如果夜里没有露水出现，那么第二天一早必定会有霜生成。我们都知道，霜是空气中的水汽直接凝华而成的冰晶，霜冻是一种气象灾害，对农作物的危害很大。而造成霜冻的始作俑者，便是北风，所以说，"北风无露定有霜"，也有人说"北风一刮起寒霜"。此外，其他还有"南风多雾露，北风多寒霜"等说法。

南风暖来北风寒

如果让东南西北风来一个大PK，就会发现一个有趣的现象：东边来的风比较潮湿，南方来的风温暖，西边的风干燥，而北方来的则比较寒冷，气象专家将这种状况归纳为一句谚语：南风暖来北风寒，东风湿来西风干。

当然，这种状况主要指的是中国，它是由中国所在地理位置决定的：中国北边是高纬地区的寒冷极地，西边是一望无际的亚欧大陆，南边是处于低纬的热带地区，东面则是水波浩渺的太平洋。

咱们先来说北方，由于终年日照较少，地面温度很低，因此北方是一个终年积雪的寒冷地带，所以当北方冷空气南下时，所经过的地方气温当然会急剧下降,给人以寒冷感觉。同时,北方是大陆地区,水汽较少,另一方面终年积雪冰面蒸发能力也小,由于气温低所能容纳的水汽也少,因此北方来的空气所含水汽都不多,也就是说都比较干燥。因而造成北方既冷且干的现象。相反,中国南方由于靠近赤道的热带地区,终年受到太阳光的强烈照射,气温都比较高。当南方的空气向北移动时,空气也会把热量一同带到北方,它所经过的地方气温当然也会升高,所以南风比较暖和。

同样的道理,中国东面是太平洋,水多气温高,蒸发到空气中的水汽当然有很多。所以东面的空气一般说来都比较潮湿,当它由东向西移到大陆上时,就会带去大量水汽。而西部是广阔的亚欧大陆,内陆地区水分不足,空气中水汽更少,所以,西风当然也就显得比较干燥了。

从以上分析,我们可以得出这样的结论:"南风暖来北风寒,东风湿来西风干",这句谚语确实比较符合中国的实际情况。在冬季里,我们可以根据风向的改变,来判断天气是否会发生变化。

冬季,关于风预兆天气的谚语还有不少哩——

"久雨冷风扫,天晴定可靠",指的是中国南方地区,长时间下雨,如果这时刮起冷风,那么未来将会出现晴天。据专家分析,这是因为冷风一起,表明强大的冷气团已经抵达本地,它会将暖湿空气尽情驱逐,在它的控制下,空气干燥,天空无云,久违的太阳就会露出笑脸了。

"狗仗人势,雪仗风势",意思是说,下雪天刮起大风会令人感到很可怕。"雪仗风势"的典型莫过于暴风雪,那种既下大雪又刮大风的天气令人恐怖,往往会带来严重灾害。

"霜后东风一日晴",说的是打霜之后,就吹东风,表示高压已经过去,低压即将来临,所以晴天只有一日了,接下来,本地将会被雨(雪)天气所控制。

"寒露"脚不露

寒流初露锋芒时,如果我们关注一些有预兆意义的节气,并提前做好防寒准备,那么就会大大减轻寒流造成的危害——

"军军,天气已经转凉,你穿衣服要注意点,不能再露胳膊露腿的了。""白露"节气一过,妈妈便叮嘱小军。

"好好,我知道啦!"小军有些不耐烦。

转眼又到了"寒露"节气,妈妈又开始嘱咐了:"军军,今天是寒露。寒露一过,就要注意足部保暖,穿鞋要暖和点,每晚还要用热水烫烫脚。"

"好的。"小军这回表现得很顺从,因为寒意氤氲,天气确实已经冷起来了。

为什么白露和寒露一过,天气就开始转凉或转寒了呢?中国民间

「关注寒流预兆」

有句谚语:"白露身不露,寒露脚不露"。它的意思是:白露节气一过,穿衣服就不能再赤膊露体;而寒露节气一过,就应注重足部保暖了。

咱们先来说说白露。白露是中国 24 节气中的第 15 个节气,每年农历八月(公历 9 月 7 日或 8 日)太阳到达黄经 165 度时为白露。白露之所以得名,是因为此时天气渐渐转凉,夜晚水汽在地面和叶子上悄悄凝结,清晨形成露珠,因此叫作白露。白露一过,天气一日比一日凉,此时再赤膊露体,就容易冻感冒了。

每年公历 10 月 8 日或 9 日,太阳到达黄经 195°时称为寒露。《月令七十二候集解》说:"九月节(指农历),露气寒冷,将凝结也。"寒露的意思是气温比白露时更低,地面的露水更冷,快要凝结成霜了。中国古代将寒露分为三候:"一候鸿雁来宾;二候雀入大水为蛤;三候菊有黄华。"第一候的意思是鸿雁排成一字或人字形的队列大举南迁;第二候表示深秋天寒,雀鸟都不见了,古人看到海边突然出现很多蛤蜊,并且贝壳的条纹及颜色与雀鸟很相似,所以便以为是雀鸟变成的;第三候的"菊始黄华"是说在此时菊花已普遍开放。关于寒露,中国古代还编有如下的歌谣——

寒露时节天渐寒,农夫天天不停闲。
小麦播种尚红火,晚稻收割抢时间。
留种地瓜怕冻害,大豆收割寒露天。
黄烟花生也该收,晴朗天气忙摘棉。
贪青晚熟棉花地,药剂催熟莫怠慢。
大棚黄瓜搞嫁接,保温保湿是关键。
紫红山楂摘下来,鲜红石榴酸又甜。
果品卸完就管树,施肥喷药把地翻。
采集树种好时机,乡土种源是重点。
畜禽喂养讲技术,怀孕母畜细心管。
越冬鱼种须育肥,起捕成鱼采藕芡。

寒露一到,中国的南岭及以北广大地区均已进入秋季,而东北和西北地区已经进入或即将进入冬季。北京大部分年份这时已可见初霜,除全年飞雪的青藏高原外,东北和新疆北部地区一般已开始降雪。寒露节气提醒我们:要注意防寒保暖了,俗话说"寒从脚下起",所以要特别注意脚部的保暖。

三月冻脚手

在中国的南方,流传有一句这样的谚语:"正月花,二月柳,三月冻脚手。"这是什么意思呢?

先来说说"正月花"。南方的冬季一般结束得较早,农历正月一到,春姑娘便早早来到了人间,此时气候开始转暖,在温暖的阳光照

「关注寒流预兆」

耀下,幽闭了一冬的花蕾陆续展开了花蕊。此时,红艳艳的海棠花、雪白白的梨花、粉红红的苹果花……各种花儿竞相吐艳,芬芳无限,吸引了一群群的蜜蜂前来采蜜。正月又正是访亲拜友、走门串户的好时节,沐浴在花海丛中,被寒冷和阴霾笼罩了一冬的人们自然是喜不自禁。正月一过,二月尾随而至,气温继续上升,在温暖的东风吹拂下,柳树开始吐芽,长出嫩绿色的叶子,所以叫"二月柳",中国古人有"二月春风似剪刀"的诗句,说的也正是这个意思。不过,二月虽然比较温暖,但天气有时也会出现反复无常的情况,这时忽冷忽暖,气温忽升忽降。俗话说"二月春天后母面",意思是说二月春天就像后母的脸色一样阴晴不定,如果穿衣不注意,就可能会冻感冒。所以,人们有"二八月乱穿衣"之说(这里的八月指的是秋季),这时穿衣服就不要太局限于常规了,要根据天气情况适时增减。

"三月冻脚手",意思是农历三月比较寒冷,直冻得人们手脚发麻。你可能会觉得奇怪:正月和二月都比较温暖,为什么三月还会出现冻脚手的情形呢?原来,这种情形就是我们经常所说的倒春寒,它是北

方冷空气不甘心失败，发动的最后反扑。在它的攻击下，暖气团被迫后退，使得气温一下大降，或者冷暖气团打成一团，形成连续的阴雨天气。倒春寒天气让人感觉难以适应：白天常常是阳光和煦，让人有一种"暖风熏得游人醉"的感觉，但早晚却寒气袭人，让人倍觉"春寒料峭"。因此，气象专家提醒我们：农历三月，要警惕倒春寒天气，注意做好防寒工作。

说了南方，咱们再来看看北方。中国面积广阔，当南方迎来春暖花开的季节时，北方大部分地区还处于严寒的笼罩下，因此在北方流传有这样的谚语：正月冷死猪（寒死龟），二月冷死牛，三月冷死播田夫。这句谚语虽然有些夸张，但却形象地说明了一个现象：即从正月至三月的这三个月里，可以说一月比一月冷酷。所以，居住在北方的人，要特别注意防寒，特别是时间越临近春季，越要警惕寒流。

此外，人们还总结了关于全年的谚语：正月阴，二月星，三月、四月大雷公，五月雨、六月晴，七月、八月有大风，九月寒霜十月雪，十一、十二寒潮节。专家指出，这些谚语虽然不一定很准确，但可以给我们一个参考，让大家提前做好防寒准备工作。

冬暖春后寒

一般情况下，冬天都是最冷的季节，但有的时候，冬天并不寒冷，最冷的季节反而是春季。

那么，怎样才能知道这种预兆呢？咱们还是通过一个故事去了解吧。

艳阳高照，天气晴好，午后的阳光照在身上，让人感觉很温暖。

「关注寒流预兆」

"今年的冬天真舒服,一点都不冷。"院子里,几个年轻人一边晒太阳,一边小声议论。

"舒服是舒服,可开了春咋办?"这时,院子角落里传来一个声音。大家回头一看,原来是老余头。老余头七十多岁,种了一辈子庄稼,是村里德高望重的老人。

"余伯,照您的老经验,开了春天气会咋样?"有人问。

"你们没听说过'冬暖春后寒'吗?今年冬天是比较暖和,但开了春后,冷的日子长着哩。"老余头有些担忧地说,"看这样子,明年的春播有点难呢,到时可别把秧苗冻坏了。"

"余伯,您老太多虑了吧?"有个年轻人不以为然地说,"今年冬天暖和,明年春天不一定就会冷。"

"是呀,听说现在全球气候变暖,也许明年开春不会冷了哩。"旁边有人附和。

"气候再怎么变暖,也不可能变到没有冷的时候。"老余头摇了摇头说,"你们等着瞧吧,明年开了春一定冷得你们打抖。"

"哈哈,有这么严重?"几个年轻人情不自禁地笑了起来。

转眼间,一个多月过去了。过了新年,春天很快来临,然而,今年的春天冷得不得了,不但太阳连续多日不露面,而且北风凛冽,有一天甚至下起雪花来。

"余伯说的没错,今年的春天真冷!"几个年轻人终于心服口服了。

老余头的"预报"奏效了,那么他所说的"冬暖春后寒"有没有科学道理呢?气象专家告诉我们,"冬暖春后寒"是劳动人民在长期实践的基础上总结出来的谚语。正常年份,北方冷空气冬春季节南下的总次数和强度都差不多,一般情况下,冷空气冬季南下的次数相对较多,因此冬季一般比较冷,但有的时候,冷空气会在冬季蛰伏,初春才大规模南下,这样便出现了"冬暖春后寒"的情形。类似的谚语还有"冬暖要防春寒",这也是提醒人们:如果冬季比较暖和,转入初春就要特别注意防寒防冻，因为这时候北方冷空气会频频南下，造成气温大幅度下降，给牲畜、农作物造成冻害，所以要特别注意防春寒。

气象专家还指出，即使是正常寒冷年份的冬天，有时也会出现冷暖不均的时候，民间有一句谚语叫"前冬不穿靴，后冬冷死人"。它的意思是说，如果冬天的前半段比较暖和，不穿靴子也能过下去，那么就要警惕后冬了，因为后冬有可能会出现冷死人的天气。

树不落叶兆春寒

冬天里，许多树都会因为寒冷而抖掉老叶，但如果冬天天气暖和，一些树的老叶就会不落叶或暂缓落叶，这其中的代表是榕树。

榕树是一种大乔木，它可以长到15米以上，最高的可达25米，胸径达50厘米，可以说冠幅广展，就像一把大罗伞。这种树喜欢高温多雨、空气湿度大的环境，在中国，它们主要分布于广西、广东、海南、福建、台湾、云南、贵州，以及江西、湖南等省的部分地区。在冬季的寒冷侵袭下，榕树一般会把老叶抖掉，只保留当年长出的新叶。不过，如果这年的冬季比较暖和，那么这些老叶就不会掉落。人们通过长期的观察发现：如果榕树的老叶在冬季里没有掉落，那么便预兆来年开春会出现寒冷天气，因此民间有"榕树不落叶兆春寒"之说。

　　榕树冬天不落叶，但进入春季之后，在倒春寒的侵袭下就会大量掉叶，这种典型的例子曾在上海出现过。2010年4月，上海遭遇24年来首个倒春寒，细心的市民发现了一些奇怪现象：包括榕树在内的一些树出现了落叶现象。一位姓王的女士打电话告诉记者：她家附近的香樟树一直在落叶，不知道是不是天气太冷的缘故。她同时提出了自己的疑问：树木都是在冬天落叶的，怎么现在才开始落？与王女士一样有疑问的市民还真不少，有人还在网上发帖讨论。其实，这种现象就是典型的"树不落叶兆春寒"例子：这些树的老叶本该在冬天脱掉，但因为冬天比较暖和，所以老叶一直保留到了春季，在倒春寒的寒冷侵袭下，它们才不得不离开树枝，飘落到了大地上。老叶掉落之后，树上的新叶才开始萌发，从而完成新老树叶大"换岗"，实现生命更替。

　　除了大树，预兆冬春季节是否寒冷的谚语还有不少。

　　"天寒，春不寒；春雨，春不雨"，这个谚语主要是指"立春"节气。立春是中国24节气中的第一个节气,其时间在每年公历2月3~5日之间。立春表示着春天的开始,从这一天一直到立夏这段时间,都被称为春天。"天寒,春不寒",意思是说立春这一天如果天气寒冷,那么整个春季的气候就不会再冷下去;"春雨,春不雨"是说如果立春这一天下雨,那么春季的雨量就会少。专家指出,这个谚语有一定的参考意义,不过仅凭"立春"这一天便判断整个春季的气候,这是不科学的。

"寒风迎大雪,三九天气暖",这个谚语主要是指"大雪"节气。大雪是24节气之一,它出现在每年12月7日或8日。这个时段,雪往往下得大、范围也广,故名大雪。这时中国大部分地区的最低温度都降到了0℃或以下,往往在强冷空气前沿冷暖空气交锋的地区,会降大雪,甚至暴雪。"寒风迎大雪,三九天气暖",说的是如果"大雪"这天寒风呼啸,大雪飘飞,那么"三九"天气就会比较暖和。据专家分析,这是因为前冬冷过了,后冬便不会再冷。

"九九歌"兆严寒

在与寒流做斗争的过程中,古代的中国劳动人民经过长期观察和总结,创作了一首特殊的歌谣——"九九歌"。

"九九歌"对整个冬天的物候现象进行了生动的描述,在一定程度上,还起着预报严寒的作用哩。

"九九歌"的来历,与中国农历计算时令的方法密不可分。在中国农历中,人们采用"九九"之法来对整个冬季进行划分:即从冬天的冬至日算起,第一个九天叫"一九"。第二个九天叫"二九"……依此类推,一直到"九九"。九九八十一天,寒冷的日子过完,人们便开始喜迎春天的光临。

"九九"之说,早在南北朝时便有了,而"九九歌"大约起源于宋代,它是利用人对寒冷的感觉以及物候现象(即因天气气温的变化而导致动植物变化的现象,如柳树发芽,桃树开花,大雁飞来等等,均与当时气温有关)而做成的歌词。到了明朝时期,"九九歌"在民间十分流行,明代《五杂俎》记载了当时"九九歌"的一种说法:"一九二九,相逢不出手;三九二十七,篱头吹觱篥(指大风吹篱笆发出很大的响声。觱篥 bìlì 是古代北方少数民族的乐器名);四九三十六,夜眠如露宿(指天冷,在屋内睡觉却像在露天睡觉一样冷);五九四十五,太阳开门户;六九五十四,贫儿争意气;七九六十三,布纳担头担(指天热了,脱掉衣服担着);八九七十二,猫犬寻阴地;九九八十一,犁耙一齐出。"

中国地域辽阔,气候寒冷的程度不同,所以"九九歌"也因地而异,流传有各种不同的版本。下面,咱们就去看看这些有趣的"九九歌"。

北京版本：一九二九不出手；三九四九冰上走；五九和六九，河边插杨柳；七九河冻开，八九雁子来；九九加一九，耕牛遍地走。

山西版本：一九二九闭门插手，三九四九隔门喊狗；五九六九沿河看柳，七九河开八九燕来；九九加一九，耕牛遍地走。

陕西凤翔县版本：头九温，二九暖；三九、四九冻破脸，五九、六九沿河看柳；七九八九过河洗手，九九归一九，耕牛遍地走。

湖南长沙版本：初九二九，相逢不出手（手插在袖筒或口袋里）；三九二十七，檐前倒挂笔（冰柱）；四九三十六，行人路途宿（回家过春节）；五九四十五，穷汉阶前舞（赞春、送财神）；六九五十四，枯丫枝发嫩刺；七九六十三，行人路上脱衣裳；八九七十二，麻拐子（青蛙）田中嗝；九九八十一，脱去蓑衣戴斗笠。

河北版本：一九二九不出手；三九四九凌上走；五九六九，河边看柳；七九河冰开，八九雁归来；九九加一九，耕牛遍地走。

湖南版本：冬至是头九，两手藏袖口；二九一十八，口中似吃辣椒；三九二十七，见火亲如蜜；四九三十六，关住房门把炉守；五九四十五，开门寻暖处；六九五十四，杨柳树上发青绦；七九六十三，行人脱衣衫；八九七十二，柳絮满地飞；九九八十一，穿起蓑衣戴斗笠。

江苏常武版本：头九二九相逢不出手；三九四九冻得索索抖；五九四十五，穷汉街上舞；六九五十四，蚊蝇叫吱吱；七九六十三，行人着衣单；八九七十二，赤脚踩烂泥；九九八十一，花开添绿叶。

浙江版本：一九二九，相呼不出手；三九二十七，篱头吹觱篥；四九三十六，夜宿如露宿；五九四十五，穷汉街头舞；不要舞、不要舞，还有春寒四十五；六九五十四，苍蝇躲层次；七九六十三，布衲两肩摊；八九七十二，猪狗躺海地；九九八十一，穷汉受罪毕；刚要伸懒腰，蚊虫屹蚤出。

四川盆地版本：一九二九，怀中插手；三九四九，冻死猪狗；五

「关注寒流预兆」

九六九,沿河看柳;七九六十三,路上行人把衣担;八九七十二,猫狗卧阴地;九九八十一,庄稼老汉田中立。

河南新乡版本:一九二九伸不出手,三九四九冰上走,五九六九沿河看柳,七九和八九牛羊遍地走,九九杨落地,十九杏花开。

雨来雪不歇

下雪,是冬天一道独特而美丽的风景,不过,降雪天同时带来的还有令人恐惧的寒流。

从古至今,劳动人民总结了许多关于下雪的谚语,解读这些谚语,能在一定程度上为我们抵御寒流提供参谋。

上午,天空阴沉沉的,冷风和着小雨拍打着大地。到了中午,小雨中还夹杂着纷纷扬扬的雪花,气温越来越低,一出门,雨雪落在身上,被风一吹,冷得人直打抖。

"这鬼天气真是要命,又下雨又下雪的,啥时能停哟?"小华站在门口望了望天空,心里犹豫着要不要带雨具。

"小华,把伞带上吧,这雨雪一时半会是不会停的。"爸爸嘱咐道。

"你怎么知道雨雪不会停?"小华的好奇心一下被勾了起来。

"不是有一句谚语叫'雨来雪不歇'吗?下雨之后,紧跟着来了雪花,这天气短时间内就不会好转。"

"这是什么原理呢?"小华紧追不舍。

"这个嘛,我也不太清楚。"爸爸尴尬地笑了笑说,"不过,咱们可以打电话问问气象局的专家。"

在爸爸的鼓励下,小华拿起电话,很快拨通了气象局的电话。气象局一位姓李的工程师告诉小华,"雨来雪不歇"这句谚语,指的冬春季节,冷空气来到本地后,因为大气中的水汽比较多,所以水汽冷却凝结,变成雨从天上降了下来,后来,云中的温度越来越低,所以一些水汽变成了雪花,与雨一起下到了地面上。因为雨来雪这种现象预示着冷空气正越来越强,所以坏天气会变得更糟糕,雨雪不但不会停止,气温还会降得更低。

　　李工程师还告诉小华,雨雪天气里,判断雨和雪会不会停止,还可以看天上的云:如果天上的云越来越薄,越来越亮,那么预示雨雪在短时间内有可能会停止;而如果满天是云,而且云不断地跑动,那么雨雪就会下个不停,因此有"满天乱飞云,雨雪下不停"的说法。

　　此外,冬春季节我们还会遇到一种既下雨又下雪的天气,这就是雨夹雪。俗话说"雨夹雪无停歇",它表示空中冷暖气流激荡无常,因此,这种雨夹雪天气与"雨来雪不歇"一样,短时间内也不可能转晴。

「关注寒流预兆」

冬雪回暖迟

由于降雪是由冷空气入侵造成的,因此降雪天气往往也预兆着寒流的盛衰兴败。这其中,冬天降雪和春天降雪代表的意义各不相同,有一句谚语概况得很好:"冬雪回暖迟,春雪回暖早。"

它的意思是说,冬天下雪,那么预兆着未来的气温回升比较慢,而春天下雪,则预兆着未来气温回升比较快。据气象专家分析,这是因为冬天的冷空气正处于强盛时期,下雪后,冷空气的剩余势力还会持续不断地涌来,因此"冬雪回暖迟";而春天的冷空气处于衰败阶段,一般一场雪下过之后,这股冷空气的势力便基本耗尽了,所以气温回升会比较快。如2006年2月16日,一股强冷空气袭击四川盆地,致使四川出现了大范围的降温降雨天气,2006年16日晚至17日凌晨,成都市更是骤降雪花。伴随漫天飞雪,最低气温降到了3℃左右,市民们饱受"倒春寒"的折磨。不过,18日开始,天气开始好转,太阳照耀大地,气温很快回升,市民们又迎来了喜洋洋的春天。

在江苏的常熟地区，有一句谚语也是说雪后的天气："雪花停后天易晴。"据分析，这是因为寒潮来临时，在当地形成一个低压系统，而降雪发生在低压快要过境的时候。雪一降完，低压过去，控制本地的便是高压，所以雪天之后，天气便转晴了。湖南省也"雪落有晴天"之说，原理和这个差不多。

关于雪的谚语还有以下这些：

"下雪不冷化雪冷"，意思是下雪天不觉得寒冷，而化雪天却冷得要命。这是因为雪是从高空落下来的，凝雪的时候，地面气温并不一定很冷。但是雪要融解成水，就须吸收大量的热力（一克的雪，融解成水所吸收的热量，等于把一克水的温度，从0℃升到80℃时所需要的热量）。这热量就需要从地面层空气中去吸收，所以不等到雪融完，气温是不可能回升的。

"大雪不冻倒春寒"，这是广西流传的一句谚语，意思是"大雪"节气这天如果不冷，就那么来年春天就会出现"倒春寒"。河北也有"大雪晴天，立春雪多"之说，意思是假如"大雪"这天是晴好天气，那么立春之后降雪天就会比较多。另外，江苏、浙江、江西、湖南、贵州等地还有"大雪不冻，惊蛰不开"的谚语，说的是如果"大雪"这天不寒冷，不冰冻，那么来年春天会比较寒冷，（冰冻）一直持续到"惊蛰"都不会开解。

严霜兆晴天

寒冷的夜间，有一种白色的冰晶——霜会在不知不觉间悄悄形成，第二天早晨你开门一看，草丛、树枝、房顶全都白花花一片。

「关注寒流预兆」

　　如果你仔细观察，就会发现一个有趣的现象：只要早晨地面上有很重的霜，使得地面像被铺上了一层白白的盐巴，那么这天十有八九是个大晴天。因此，民间有"霜重见晴天""严霜兆晴天"的谚语。这是为什么呢？

　　这得从霜的形成过程说起。霜是一种白色的冰晶，它多形成于夜间。少数情况下，在日落以前太阳斜照的时候也能开始形成。通常，日出后不久霜就融化了。但是在天气严寒的时候或者在背阴的地方，霜也能终日不消。

　　霜形成的首要条件，是地面上的草、树枝、屋顶等温度要足够低，这样近地面的空气一靠近这些物体，里面的水汽就会因冷却而达到饱和，并从空气中分离出来。如果地面上的温度在0℃以上，那么这些水汽就会形成露，而如果温度在0℃以下，那么这些多余的水汽便在物体表面上凝华为冰晶，这就是霜。

　　霜的形成，与夜间天气状况密不可分：在天空晴朗无云的情况下，长波辐射会把地面上白天积攒的热量迅速辐射出去，使地面的温度下降到0℃以下，从而为霜的形成奠定基础。此外，风对于霜的形成也有影响：微风的时候，空气缓慢地流过冷物体表面，不断地供应着水汽，有利于霜的形成（不过，风过大则不利于霜形成）。从霜的形成过程，我们可以得出这样的结论：只有天气晴好的夜间，霜才能生成，反过来说，霜一旦出现，就说明天空无云或少云，那么第二天很可能是个大晴天。

　　人们常说"霜后暖，雪后寒"，意思是霜后并不像雪后那么冷，而是显得比较暖和，这是因为天亮日出，天空无云，而太阳光很强，加之霜的水分很少，融解时并不需要大量热力，所以天气就会相当温暖。

不过，冬季和春季出现的霜还是有区别的，"春霜雨，冬霜晴"，说的是春天出现霜，紧接着将会有雨；而冬天的早晨看到霜，这天必是大晴天；"一日春霜三日雨，三日春霜九日晴"，意思是在春季，要是一天出现霜就会连降三天雨，而如果连续三天出现霜，那么就会有九天的晴朗天气。专家分析，冬霜和春霜的区别，主要是因为春天的水汽相对比较充沛，冷空气一来，水汽在夜间凝结成霜后，冷空气还会与较暖的气流打架，从而形成降雨。但如果连续三天都出现了春霜，说明暖湿气流完全退出了本地，因此会迎来九天左右的晴好天气。

不过，"三日春霜九日晴"并不是绝对的。在福建的福州等地，流传的是"春霜不出三日雨"，意思是说，春季连续三天有霜，那么天气一定会变坏，将会出现下雨天。这是因为福州的纬度较低，春季的晴天，太阳光比较强烈。在火辣的阳光照射下，白天温度连日增高，气压降低，使本地和四周之间的气压梯度增大，于是便会发生空气的流动现象，天气跟着变化就要下雨了。

寒潮逃生
自救及防御

寒潮来袭不远行

寒潮来袭,雪花飘舞,气温剧降,我们如何才能保护自己呢?

你可能会说:只要穿得暖,吃得饱,寒潮能奈我何!没错,不过吃饱穿暖只是抗寒的基本条件,要对付寒潮,还必须管住自己的腿。

管住腿,并不是说你不能走路,而是指出门要慎行。

下面,咱们一起去看一个事例。

2016年1月下旬,一场寒潮袭击中国大江南北,许多山区雪花飘飞,气温剧降。1月23日,在浙江省宁波市的一处山区公路上,一辆小轿车慢悠悠地行驶着。驾车的是一名姓陈的中年男子,除了他之外,车上还有两个八九岁的女孩——一个是他的女儿,另一个是亲戚家的孩子。

陈先生本是镇海人,这次冒着严寒进山,主要目的就是趁着假期,带孩子们进山看雪景。

"瞧,这边的雪多漂亮啊!"

"是呀,满山都是积雪,真美……"

两个孩子叽叽喳喳,不时发出惊叹,对城里长大的她们来说,几乎从未见过下雪,更别提这么大的雪了。陈先生也十分兴奋,他也是头一次见到如此美丽雪景。一路前行,一路忘情地赏雪,不知不觉,雪越下越大,路上的积雪也越来越厚,等到汽车车轮开始打滑时,陈先生才猛然醒悟过来。

"糟糕,车不能再往前开了。"陈先生回头对两个孩子说,"咱们赶紧回去吧！"

可是掉头回去时，后面的路上积雪也很深，而且车轮打滑得也很厉害，稍有不慎，汽车就会坠入山崖之下。试着开了一段路后，陈先生再也不敢往前走了。

前进不能，后退不得，山里的气温越来越低，两个孩子冻得瑟瑟发抖，万般无奈之下，陈先生只得拨打了"110"求助。

接到报警电话后，警察徒步进山，经历了一番艰辛，终于将陈先生和两个孩子成功救出。

与陈先生一样，在这次寒潮来临时被困者还大有人在。1月23日15时许，在广东省珠海市，两名20多岁的年轻小伙冒着寒潮低温，去攀登市郊的凤凰山。当时两人身上只带了几块面包，他们沿着山路一路攀爬到山顶，下山时却迷失了方向，不仅找不到下山的路，连自己所在的位置也无法确定。天色越来越暗，两人在山上冻得浑身颤抖，眼看无法脱身，他们不得已拿出手机报警。接到警方通知后，珠海市民安救援队立即派出五名救援人员上山搜救。经过两个多小时的努力，直到21时许，救援人员才在山上找到了两名迷路的年轻人。

"当时他们又渴又饿又冷，连水都没有。"民安救援队专家说，由于山里风很大，气温也比市区低好几度，如果不能及时找到他们，在深山的寒夜中，两个年轻人被困时间太长会有失温的危险。救援专家因此告诫大家：不要在低温、雨雪等恶劣天气里进入山区，更不要进行登山等户外活动！

千万记住：寒潮袭来时，最好不要离家远行！

切勿爬楼和攀高

爬楼和攀高，本来就是十分危险的行为，作为学生一族，应自觉杜绝这种行为，特别是在寒潮袭来时，更不要去冒险，否则可能会面临生命危险。

这绝非危言耸听，下面咱们去看一个真实的事例。

2015年11月22日晚，大连市中山区秀月街附近一高中内发生一起悲剧：一名高三学生试图翻墙进入学校拿东西，不料在攀爬时跌落地面受伤，在求救无门的情况下被活活冻死。

在学校也会被冻死？没错！这个男生，是该中学的一名美术生，据同学讲，他平时学习勤奋，成绩优秀，最大理想是考上清华大学。由于家没在大连本地，所以平时该男生独自在学校外面租房居住。

11月22日，强寒潮袭击东北地区，大连市北风呼啸，雨雪飘飞，气温降到了零下2度。这天下了晚自习后，该男生和同学有说有笑地走出学校。回到住地后，他突然想返回教室取一样东西。

该男生返回学校时，学校的楼门已经锁上了。就这样回去似乎不太甘心，想了想，他决定翻墙从窗户爬进教室。不料，就在他爬上三楼时，一不小心，重重地从楼上坠落了下来。

坠落在地后，这个男生立即倒地不起。据推测，他当时可能伤到了腿部，所以导致无法行动，更要命的是，当时他的手机可能已经没电，因此无法向外求救。

漆黑一片的夜里，这个男生叫天天不应、叫地地不灵，由于坠落的地点比较偏僻，周围没有人来往，他呼救的声音也没人能够听见。

随着夜色越来越深，天气越来越寒冷，男生呼救的声音也越来越微弱。

雪花飘了整整一个晚上，而他也在冰冷的地上躺了整整一夜。

第二天，天亮了，一大早，早起的人们在雪地里发现了他，不过，躺在雪地里的少年已经没有了生命体征——他被寒潮带来的严寒活活冻死了。

一个鲜活的生命在校园陨落，这起悲剧在当地引起了很大反响，人们在祈祷这个年轻的生命一路走好的同时，也对悲剧的发生进行了反思：攀爬教学楼本来就是危险行为，而在低温雨雪天气里攀爬危险系数更高，因为墙面和窗台结冰后会很滑，再加上低温导致手脚行动不便，稍有不慎就会从高处坠落下来。

即使是专业攀岩高手，在气候恶劣的大雪天攀岩也有生命危险。2007年3月29日晚，四川省巴塘县海拔6033米的党结真拉峰上大雪飘飞，全国攀岩锦标赛冠军、运动健将刘喜男在攀登该山峰时突然发生滑坠，不幸身亡，由于大雪封山，刘喜男的遗体只能就地掩埋，这位国家级运动健将从此长眠在了遇难的雪山上。

以上两个事例告诉我们：寒潮来袭时，千万不要去尝试爬墙和攀高，一定要珍爱生命，远离冒险！

雪天出行须小心

冰雪天气，路面湿滑，特别是一旦路面结冰，我们的行动就会变得十分艰难，稍有不慎就会滑倒摔伤，有一句成语叫"如履薄冰"，可以说正是这种情景的真实写照。

那么，冰雪天气里出行，如何才能保障自身安全呢？

天寒地冻
TIANHANDIDONG

如果你经常看新闻报道，就会发现一个规律：冬天下雪之后，各地的报纸、电视、网络等都会出现一些滑倒摔伤的报道，而医院门诊部也会迎来许多摔伤的骨科患者。这些骨科患者中，不仅有中老年人，也有不少年轻人，甚至还有一些中小学生。

长沙市的中学生小军就是其中的一个摔伤者。2015年12月的一天早晨，他像往常一样骑自行车上学。因为昨天夜里降了雪，路面有些湿滑，小军开始还小心翼翼，生怕摔倒了。但后来骑着骑着，他心里绷紧的弦慢慢放松了下来，骑车的速度也快了许多。不料，在一个路口转弯时，由于路面太湿，导致车轮打滑，整个车重重翻倒在地，小军也摔倒在地，头撞在路边的灯杆上，不仅手腕骨折，而且额头还裂开了一个口子。在路人的帮助下，他被紧急送到医院进行包扎救治。

骑车者摔倒受伤，而行人也可能"祸从脚下起"。2016年1月的一天，广州市一位20多岁的女白领就吃了路面湿滑的亏：这天早晨她步行上班，在路上，她时而用手机拍摄雪景，时而与朋友短信聊天。一时高兴，便忘记了脚下湿滑的路面。走着走着，脚下一滑，整个身体重重摔倒在地，不但手机摔烂，而且手腕骨折，不得不到医院打上了石膏和绷带。

医生指出，雪后有四类人最容易摔倒和骨折：一是小孩。下雪后，孩子们爱在雪地里玩打雪仗，常会因奔跑过快滑倒，从而出现不同程度摔伤；二是老人。老年人骨质变得疏松，稍有不慎即可能摔成骨折；三是穿高跟鞋的年轻女性。穿高跟鞋在雪地上行走，鞋底极易打滑而摔倒；四是骑车的人们。冰雪天气路面光滑，自行车和摩托车容易打滑摔倒，从而遭遇意外事故。

医生告诫我们，雪后出行，必须注意以下几方面：

一是远离机动车道。因为雪后路上有大量积雪，机动车在行驶时特别容易打滑，其制动性能和方向性在一定程度上有所降低，因此要与机动车保持一定距离，特别是在横过马路时。

二是走路速度不要太快。太快容易滑倒，因此应小心慢行；要遵守交通规则，在人行道上行走，不要在快车道边缘行走；不要把机动车留下的冰印当成"溜冰道"，因为这样非常危险。

三是走路时集中注意力。双手不要放在衣兜里，不要东张西望，更不要打手机或发短信，要注意观察脚下的路面。

四是要穿防滑鞋或旅游鞋，尽可能不穿皮鞋，更不要穿高跟鞋。因为防滑鞋或旅游鞋鞋底粗糙、有花纹，与路面之间有一定的摩擦力，因而不容易滑倒。

五是老年人出行时，最好有人陪同。无论是雪天还是雪后，老年人都要尽量在家人陪同下外出，并穿防滑底鞋子，或者拄根拐杖。

如果不幸摔伤，要积极进行自救。专家提醒，摔倒后不要急于起身，应先看看自己是大腿、腰部还是手腕摔疼了。一般大腿和手腕骨折较轻的，人体还能勉强活动，但如果腰疼，那么千万不要随意乱动，因为腰椎骨折后如果随意活动，很可能造成关节脱位，严重时下肢可能瘫痪。此时应该尽快呼救。救人者也不宜随意背抱伤者，而是要用硬板将伤者抬到医院，或拨打120急救电话由专业医护人员救助。

天寒地冻防冻疮

寒潮来袭，天寒地冻，人体很容易遭受低温侵害而发生损伤，这就是我们平常所说的冻伤。

冻伤包括冻僵、冻疮和局部冻伤几种（在这里，我们先介绍冻疮）。冻疮，常在不知不觉中发生，部位多在耳郭、手、足等处，症状表现为局部发红或发紫、肿胀、发痒或刺痛,有些可起水泡,尔后发生糜烂或结痂。冻疮在中国大部分地区都较为常见。

2014年1月初,黑龙江省依兰县便发生了一起小孩严重冻伤的悲剧。

8岁男孩王译,是依兰县江湾镇江湾小学一年级的学生。这是一个苦命的孩子,从小父母离异,母亲一走三年,早就与他失去了联系,而父亲离婚后跑到安徽打工,留下王译跟着爷爷、奶奶生活。王译的爷爷患有偏瘫,腿脚不太灵便,而奶奶是聋哑人,生活也无法自理。王译上的是住宿制学校,每个周末回家后,他都要帮着爷爷奶奶干活。

2014年1月初,依兰县遭受寒流侵袭,连续几天大雪飘飞,王译所在的屯子一片银白。1月3日,元旦假期结束后,屯里的孩子们都要返回学校上课。由于道路积雪深度超过了1米,校车无法开到屯里来,司机和老师只能停在村口等待孩子们。

上午9时许,王译在爷爷的陪同下走出了家门。腿脚不便的爷爷坚持要送王译去上学,可是没走几步,老人便接连摔了两个跟头。

"爷爷,你快回去吧!"王译心疼爷爷,不让他再往前走了。

"这么大的雪,你一个人能行吗?"爷爷有些担心。

"放心吧,我能照顾好自己。"王译拍着胸脯保证。

看着懂事的孙子,爷爷脸上露出了一丝笑容,不过,他还是放心不下,于是将王译托付给了送孩子上学的两个村民。

路上的积雪一米多深,大人行走起来都感到艰难,更不用说孩子们了。更难受的是,寒风卷起雪花打在身上,让脸颊、脖子等地方火辣辣地疼。王译虽然个子小,但走得较快,而两个村民因为要照顾各自的孩子,所以走得慢。不一会儿,王译便与他们失散了。

"小家伙跑哪去了?"一个村民发现王译不见了,赶紧问道。

"可能走到前面去了,这样吧,你帮我看着孩子,我去找找他。"另一个叫曹海的村民说完,踩着厚厚积雪,深一脚浅一脚地向前赶去。

远远地，他看见王译用左手捂住小脸，身子一动不动，几乎栽倒在雪地里。

"王译，你怎么啦？"曹海走上前去问。

"我，我的手套掉了一只……"王译轻轻抬了抬左手。

曹海拉过他的左手一看，不禁大吃一惊：由于长时间暴露在风雪之中，王译的左手已经冻得肿胀青紫，看上去像一截熟透了的紫萝卜。

摸着眼前硬邦邦的小手，曹海心里直犯嘀咕：这哪是孩子的手，冻得像冰棍一碰都能掉！

很快，所有送孩子上学的村民都知道了王译冻伤的事，但大伙都没了主意。几个村民连拖带抱，很快把他送到了村口的校车上，在车上等候的老师看到王译的左手后，二话没说直接开到乡医院，乡医院没辙又转到县医院，最后，王译被连夜送到了哈尔滨市第五医院进行救治，当时，他的左手红肿得像馒头，整只手掌已失去知觉，随时面临截肢的危险。

王译的不幸告诉我们：在严寒天气里一定要保护好自己不被冻伤。那么，如何才能防止冻伤呢？专家提醒我们，在寒冷的冬季，应采取以下措施防冻：

一、注意保护好你的面部。脸颊、鼻尖及耳朵是最常发生冻伤的部位，所以要注意这些部位的皮肤是否有点麻痹及发白。有时冻疮在表面上没有什么征兆，因此必须在寒冷的冬天保护好你的脸颊、鼻尖及耳朵。

二、保护你的手和脚。手和脚也是比较容易被冻伤的部位，因此在寒冷的冬天，必须要保暖，避免手暴露在寒冷的空气中，脚下的鞋子则应以保暖为原则。

三、靠自己取暖。如果你一时无法进入室内避寒，不妨利用你自己的体温取暖。例如，将手放入腋下取暖。另外，可将身体蜷成球形，以增加能量利用效率，减少散热。

四、勿用雪球摩擦皮肤。因为这样会增加你的寒冷和皮肤的磨损，再者，不要碰水，当你的皮肤潮湿时，将损失更多热气。

五、勿在低温下碰触金属。在低温下赤手碰触金属器具只要一下子，就可能导致冻伤。

六、冻疮勿延迟就医。一发生冻疮时，应以最快及最有效的方式处理，避免冻疮越来越严重。

七、警惕低温症。低温症即体温过低，其症状包括发抖、脉搏慢、昏睡、警觉力降低。一旦发生低温症，应尽快送医院急救。

严重冻伤快急救

上面故事中的王译虽然左手严重冻伤，但并没有生命危险，所以相对一些危及生命的冻伤来说，还不算是最严重的。

下面，让我们去看一起危及生命的冻伤。

2012年10月29日，四川省康定县警方接到报警，一个男子在电话中焦急地说："我朋友小鹏和其女友到康定跑马山游玩，至今没有回来，我怀疑他们找不到回来的路，请你们救助！"

此前一天，一场寒潮刚刚侵袭本地，地处川西高原的康定县寒风呼啸，气温剧降，跑马山一带更是雪花飘舞，漫山遍野一片银白。接到报警后，康定县警方迅速组织了一支上百人的搜救队，到跑马山一带搜救。

山上气温极低，寒风吹来使人不停颤抖。经过一整夜地毯式的搜索，30日上午，搜救人员终于在跑马山附近，发现了两个嘴唇发紫、冻得蜷缩成一团的年轻人，他们正是失踪的小鹏和其女友小红。原来，

10月29日，21岁的小鹏和女友小红一起，专门从成都到康定县跑马山游玩，不料由于地形不熟，两人在跑马山迷路后被困山林。当夜，气温剧降，两人紧紧抱在一起取暖，但在一整夜严寒的侵袭下，身体单薄的小红还是被冻僵了。

找到两人后，因为小红身体僵硬，四肢乏力，搜救人员赶紧将她送到了最近的村活动室内抢救。村主任郭大姐见小红已经冻僵，忙脱下自己的衣服，并钻进被窝用自己的身体温暖小红。郭大姐说："这是我们的土方法，要是不尽快热起来，她会被冻坏的。"在郭大姐身体的温暖下，身体冻僵的小红终于慢慢恢复了过来。

这一起事例再次警示我们：在寒潮天气来临时，不要出门旅行或游玩，特别是到高山区气温下降得很厉害的地方去，以免因气温剧降造成冻伤。

在这个事例中，小红身体被冻僵，说明当时的气温下降得很厉害。专家指出，冻僵是冻伤的一种，它是指人体遭受严寒侵袭，全身降温所造成的损伤。伤员表现为全身僵硬，感觉迟钝，四肢乏力，头晕，甚至神志不清，知觉丧失，最后甚至会因呼吸循环衰竭而死亡。

除了冻僵这种严重冻伤外，还有一种局部冻伤，它多在0℃以下缺乏防寒措施的情况下，耳部、鼻部、或肢体受到冷冻作用发生的损伤。对冻僵者和局部冻伤者的急救，可采取如下办法：

一、若患者呼吸停止时，立刻将气道开放，并进行人工呼吸；若脉搏停止跳动，则要进行心肺复苏术。

二、迅速脱去伤员潮湿的衣服和鞋袜，将伤员放在38℃～42℃的温水中浸浴；如果衣物已冻结在伤员的肢体上，不可强行脱下，以免损伤皮肤，可连同衣物一起浸入温水，待解冻后取下。

三、伤员只有手脚冻伤时，可在患者稳定后，将手脚泡在温水中，也可给予温热的饮料，但不可用热水浸泡或是用火来取暖。

四、冻伤部位恢复后，要消毒患部并包扎起来，送医治疗。

千万记住：在对冻伤进行紧急处理时，绝不可将冻伤部位用雪涂擦，或用火烤，因为这样做只能加重损伤。

不让流感找上门

寒流袭来时，天寒地冻，空气干燥，而一些不怕冷的病菌这时却表现得十分活跃，如果稍不留神，它们就会乘虚而入，导致疾病缠上你的身体。

寒冷的冬季，我们该谨防哪些疾病呢？

"阿嚏——"这天从学校放学后，走在回家的路上，小军不停地打起喷嚏来，眼泪和着鼻涕不断往下流，同时感到头脑昏昏沉沉，四肢酸软无力。

"妈，我今天很不舒服，不想做作业了。"好不容易回到家中，小军把书包一放，便倒在沙发上躺了起来。

"你怎么啦，会不会是感冒了？"妈妈从厨房出来，伸手摸了摸小军的额头，感到额头有点发烫，拿出体温计一量，好家伙，38.5℃！

"你有点发烧，快收拾收拾，我这就打电话叫你爸回来，送你去医院！"妈妈着急了。

爸爸从单位赶回来后，赶紧将小军送到了医院。医生一检查，诊断小军是患了流行性感冒。

"这段时间，你们班里感冒的人多吗？"医生问。

"是有不少人感冒，有时大家的咳嗽声，吵得老师都没法讲课。"小军咳了一声，说，"我的感冒是不是被同学传染的呀？"

"有这个可能。"医生说，"流行性感冒的特点是传染性比较强，建议你这次感冒治好后,最好打一下预防针,另外,平时要注意加强锻炼,增强体质,这样才能更好地抵御病毒入侵……"

在这个事例中,医生所说的流行性感冒也叫流感,它是由流感病毒引起的一种突然发生、蔓延迅速、感染众多、流行过程短的急性呼吸道传染病。流感全年均可发病,而冬季是高发季节,尤其在学校、机关以及大办公平台等地点容易造成集中爆发。

你可能会问:在冬季的严寒天气下,流感病毒为何如此猖獗呢?为了弄清这个问题,国外的科学家曾经做过一个试验:他们把4只感染了人类流感病毒的豚鼠,养在4只健康豚鼠的隔壁,通过不断调整温度和湿度,科学家发现,在湿度较低(约20%~35%)时传染率最大,这时有3只健康豚鼠被传染上了流感;当湿度达到50%时,仅有1只豚鼠感染了病毒;当湿度达到80%以上时,所有豚鼠都不会被传染——这就是说,湿度越大,流感病毒越不容易生存。

科学家还对温度进行了试验,发现气温在5℃时,流感病毒最活跃,这时所有的健康豚鼠都被感染了,而温度一旦达到30℃,传染就不再发生。科学家由此得出结论:在气温较低、空气湿度较小的条件下,流感病毒很活跃,因此传染性很强,这就是为何冬季流感容易爆发的原因。

除了流感,冬季传染病还有水痘、流脑、腮腺炎、麻疹等,医生告诉我们,只要我们在平时做到下面几点,这些疾病是可以预防的:

一、平时学习之余,要多参加体育锻炼,如跳绳、跳步、打球等,只有我们的身体强壮了,疾病才无法乘虚而入。

二、教室、家里要经常开窗通风以保持空气的新鲜、流通。

三、要尽量少去人多、拥挤,尤其是通风不畅的公共场所。

四、平时要注意个人卫生,勤洗手,勤剪指甲。

五、根据气候变化注意增减衣服,避免着凉。

六、不能偏食,平时要多吃些蔬菜、水果,多喝水。

七、家里的生活用品，如衣服、被子等在天气好的时候要勤洗、勤晒。

八、要保证充足的睡眠，不能过于疲劳，因为疲劳容易使我们的抵抗力下降。

九、对卫生防疫部门制订安排的各种预防接种，一定要按时去接种。如麻腮风疫苗、流脑疫苗、流感疫苗等，接种以后，可以起到一定的预防作用。

谨防老毛病

寒潮袭来，气温剧降，除了流感，还会有一些疾病找上门来，这其中便包括胃病。

这天下午放学回去，小英发现奶奶坐在门口，手里按着腹部，脸上一副痛苦的表情。

"奶奶，你怎么啦？"小英连忙上前问道。因为爸爸和妈妈长期在外打工，平时家里只有她和奶奶，懂事的小英主动担负起了照顾奶奶的任务。

"没什么，可能是我的老胃病犯了。"奶奶揉了揉腹部，勉强笑了笑说，"你饿了吧？我这就给你做饭去。"

"奶奶，你都这样了，还做什么饭呀？"小英心疼地说，"奶奶，咱们赶紧到镇上的卫生院去看看吧。"

"老毛病了，不碍事。"奶奶摇了摇头。

"怎么不碍事？你病倒了，这个家怎么办？"小英不管三七二十一，硬是用自行车把奶奶送到了镇卫生院。

经过医生仔细检查，诊断奶奶是老胃病复发了。医生告诉小英和奶奶：冬季强降温后，冷空气刺激胃肠，容易导致胃肠功能紊乱，而刺激胃黏膜则极易发生胃痛，尤其是老胃病更易在此时复发。医生开了一些药，并提出建议：晚上睡觉时要及时添加被子，出门注意保暖，必要时可戴上口罩；脚部和腹部保暖更重要，可垫双厚鞋垫，衣服应护好肚脐和腹部；晚上睡前，用热水泡泡脚；在饮食方面，不要喝冷水和吃凉菜，应多喝热开水，此外，应食用一些护胃食物（如羊肉、热牛奶等），少吃油腻刺激性食物。

医生还给小英奶奶作了体验，并告诫她气温陡降时，要谨防心脑血管病。

"气温陡降也会影响心脑血管吗？"小英问医生。

"影响可大了，"医生解释说，"冬季气温陡降，人体受到寒冷的刺激后，全身的毛细血管收缩，引起血压升高，促进血栓形成，就容易导致中风和急性心肌梗死的发生。特别是老年人血管较硬，缺少弹性，一旦血液流动受阻，加上寒冷刺激使血管收缩，如若再加上喝水过少，更会加剧这种情况，容易引起血液流通不畅，形成血栓，从而引发心脑血管疾病。"

"那怎样才能预防心脑血管疾病呢？"小英又问。

"首先当然是要注意防寒保暖，特别是在气温剧降时最好不要出门，一旦发生身体不适，要及时到医院就诊；其次，生活要有规律，保证睡眠充足，并适当参加一些力所能及的劳动或锻炼；第三，注意合理饮食，多喝温开水，同时要保持心态平和，避免精神紧张或大喜大悲。"医生耐心地讲解。

"嗯，回去后一定要让奶奶多加注意。"小英边听边点头，她拿出纸笔，认真地把医生说的话写了下来。

小心你的眼睛

夜里，大雪飘飘洒洒地下了一夜。第二天一早，雪停了，天上碧空万里。不一会儿，红艳艳的太阳也出来了，阳光照在白茫茫的积雪上，整座城市银装素裹，美不胜收。

"出太阳了，咱们到外面去玩吧！"看着外面的雪景，小明心里直痒痒，他赶紧打电话给同学小李、小王，约他们一起到公园去赏雪。

"好啊，反正放假了，正好可以出去玩个够。"小李和小王一口答应。

三人来到公园，雪后初晴的公园处处粉装玉饰，景象美不胜收。小明他们兴致勃勃，一会儿拍照，一会堆雪人，一会打雪仗。到了中午，阳光强烈，照在雪地上十分耀眼，但小明他们仍不肯罢休。三人玩了大半天，直到肚子唱空城计了，才恋恋不舍地往家的方向走去。

这天晚上，吃过晚饭，小明回到自己房间打开书本准备做寒假作业，突然间，他感到眼睛很不舒服：眼睛怕光，而且不停地流眼泪。"我的眼睛怎么啦？"小明着急起来。爸爸妈妈见状，急忙带小明到医院检查。几乎与此同时，同学小李、小王也被父母送到了医院，他们和小明一样，也是回家后出现了眼睛不适的症状。

经医生诊断，小明他们的眼睛之所以不舒服，是因为患了雪盲症。

什么是雪盲症呢？医生告诉小明他们，雪盲症是一种由于眼睛视网膜受到强光刺激引起暂时性失明的一种症状，雪盲症患者一般休息数天后，视力会自己恢复。不过，如果下次雪天不注意，得过雪盲的人会再次得雪盲。"再次得雪盲症状会更严重，所以切不能马虎大意，因为多次雪盲逐渐使人视力衰弱，引起长期眼疾，严重时甚至永远失明。"医生最后说。

医生的话可不是危言耸听。在中国的青藏高原地区，那里海拔高，太阳光十分强烈，若大雪后天气晴好，在太阳光照射下，人的眼睛若不加以保护，就极有可能受到损害。如2008年2月至3月，青海省东南部下了一场特大暴雪，积雪在大地上铺了厚厚一层，雪停后太阳出来，导致当地上万名群众患了雪盲症。

为什么积雪能导致雪盲症呢？

原来，积雪对太阳光具有很高的反射率。所谓反射率，是指任何物体表面反射阳光的能力。这种反射能力通常用百分数来表示，比如说某物体的反射率是45％，这意思是说，此物体表面所接受到的太阳辐射中，有45％被反射了出去。雪的反射率极高，特别是纯洁的新雪面，它对日光的反射率可以达到将近95％，这就是说，雪面就如同一面镜子一样，太阳辐射的95％都被它重新反射了出去，这时候的雪面，光亮程度几乎接近太阳光——你想想，肉眼的视网膜怎么能经受得住这样强光的刺激呢？

专家指出，造成雪盲的原因是双眼暴露在雪地中，这时眼睛如果没有保护，眼角膜很容易受伤，因为无论是否有阳光照射，雪地的反光都非常强烈，若是艳阳天在雪地中活动，在数小时之内即可造成严重的雪盲。雪盲的症状为眼睛非常疼痛，眼睛感觉像充满风沙，眼睛发红，经常流眼泪，对光线十分敏感，甚至很难睁开眼睛等。

那么我们该如何防止雪盲症呢？

预防雪盲，可以佩戴防紫外线的太阳眼镜，或选用聚碳酸酯或CR39的透镜，以及蛙镜式的全罩式灰色眼镜，并补充维生素A、维生素B群、维生素C和维生素E等。

如果不幸得了雪盲症，可施行以下的急救措施：首先用冷开水或眼药水清洗眼睛，其次，用眼罩或干净手帕、纱布等轻轻敷住眼睛。

患者要避免勉强使用眼睛，若有必要，应送医处理。

雪盲的治疗包括止痛及防止再度受伤。医生告诉我们：此时隐形眼镜一定要拿掉，同时必须保护眼睛不受强光刺激；不要揉眼睛，要尽量休息；为了避免眼皮的动作干扰眼睛，不妨用消毒过的敷布和护垫盖在眼睛上，每隔半天就检查一次眼睛对光的敏感度。等到眼睛不再极度畏光时，便可以将敷布除去，不过保护用的太阳眼镜还是应该一直戴着。

一般雪盲症的症状可在 24 小时至三天之内恢复，稍严重的症状通常需要 5～7 天才会消除。

风雪天多注意

风雪来临时，如果不得不出门办事，我们又该如何保护自己呢？气象人员的亲身经历，或许能给我们一点启迪。

咱们先去看看四川省石渠县气象局的工作人员如何工作的。

石渠，是四川省最边远的县，那里平均海拔 4517.3 米，年平均气温仅为 $-1.4℃$，极端最低气温达到了 $-37.8℃$。即使是盛夏八月，这里有时也会大雪飘飞，气温降到 0℃ 以下。大雪一下，四周白茫茫一片。观测场被冰雪覆盖后，观测员只能凭着感觉，踩着齐膝深的积雪，向观测场的方向摸索着前行。找到百叶箱，观测完温度和湿度后，观测员又戴上手套，在雪地上摸索着寻找地温表。在茫茫冰雪中寻找三支不到 20 厘米长的地温表，往往要花上较长时间。观测完地温表，观测员的双手也被冰雪浸湿，冻得几乎麻木。而每晚 20 时取蒸发皿，也是工作人员必需的一项工作。蒸发皿是用精钢做的器皿，它冬天常被冰雪冻在铁架座上，需要用劲才能取下。有一次，一名叫辜良昌的工作人员在雪地中弄丢了手套，他只得用衣袖包着手，使劲去端架子上的蒸发皿，一下，两下……蒸发皿纹丝不动，眼看观测时间快过了，他咬咬牙，直接用双手去端。手接触到冰彻入骨的铁器，他感觉到双臂阵阵发麻。端着蒸发皿，踩着厚厚的冰雪，深一脚浅一脚地回到室内时，他的双手已经和蒸发皿冻在了一起，情急之下，他用力一拉，手上的皮被硬生生撕去一片，鲜血很快染红了手掌。

"放下蒸发皿，我的双臂好几分钟没有知觉，我都以为被冻瘫了。"讲起那次的观测遭遇，辜良昌仍心有余悸。

辜良昌的经历告诉我们：风雪中一定要戴上手套保护双手，千万不要用手直接接触金属物，因为气温很低时，直接接触金属物，手很可能被冻粘住而造成严重冻伤。

与辜良昌相比，另一名叫黄浩东的气象工作人员更加艰苦。

2006年12月，黄浩东作为中国科考队的一员奔赴南极，并在那里工作、生活了一年。他在南极写下的大量日记，为我们揭开了那片土地上鲜为人知的秘密。

茫茫南极，与世隔绝。在日记中，他这样描写刚到南极时的感受："乔治王岛灰暗阴沉的天空下着雨夹雪，满目一片荒凉。海水是黑色的，四处都有积雪，看不见任何植物。盛夏的南极比我想象的孤寂得多。太过简陋的飞机跑道上，飞机和我们都显得那么渺小。"

在南极，科考工作是十分艰难和辛苦的。黄浩东的主要工作是气象观测。"每天要观测4次，每隔6小时一次，最晚的一次是凌晨3点。"每次都要观测10多个气象要素。到南极的第一次观测，他踩着深浅不一的积雪在气象站与观测场之间来回跑了好多趟，凛冽的寒风吹得他满脸是泪。

南极的最大特点是暴风雪频繁，极大风速可以达到40.3米/秒，全年出现8级以上大风天数为140天。如果天上下雪，这样的狂风带来的后果就是雪暴。"雪暴刮起来十分可怕,很多时候能见度为零,人一到外面,连自己的手都看不到,而且雪暴一刮就是好几天。"在这样的情况下观测十分艰难。科考人员每隔6小时就要从长城站营地走到几百米外的观测场。"经常一脚踩下去,雪就齐腰身,走几百米,就完全成了雪人。"

那么,在暴风雪的恶劣天气环境下,如何才能保护自己呢?对此,黄浩东提出了几点建议:一是千万不要擅自行动,特别是当暴风雪袭来时,一定要待在屋内,并且要穿上厚厚的保暖衣;二是如果在暴风雪中行走,一定要尽量闭严嘴,防止风和雪灌入口中,引起呼吸道堵塞;三是在暴风雪中不能乱喊乱叫,要节省体力和氧气,以免因体力不支晕倒或昏迷。

原地等待救援

暴风雪天气来临时,大量的雪被强风卷裹着到处飞扬,使能见度变得很低,因此野外遭遇暴风雪十分危险。

如果遭遇暴风雪时不幸迷路,你该怎么办?

2012年6月17日上午,澳大利亚著名的滑雪圣地高索斯古山地区迎来了5名中国游客,这些年轻人都是登山爱好者,其中有两名美丽的姑娘。他们此行的目的,是要徒步征服高索斯古山地区的斯瑞德堡山,登顶之后,好好饱览这座澳洲有名的大雪山。

在两名当地导游的带领下,5名中国游客迫不及待地从高索斯古山基地出发了。6月正是北半球的酷夏,然而位处南半球的澳大利亚此时却是寒冷的冬天。作为滑雪圣地的高索斯古山地区已经降了多场大雪，斯瑞德堡山更是银妆素裹，景象妖娆。中国游客们一路攀爬，一路欣赏美景，并不时拿出相机"咔嚓咔嚓"拍照。

越往上爬，积雪越厚。中午时分，他们已经爬到了半山腰。这时候，天上彤云密布，寒风呼啸，不一会儿，纷纷扬扬的雪花从天而降。"下雪啦！下雪啦！"几个年轻人欢呼起来。然而，令他们没有想到的是，雪越下越大，风也越刮越猛。"不好，这是暴风雪，咱们赶紧下山！"两名导游一看情势不好，赶紧带着中国游客准备下山。

不料，在狂暴的风雪中，他们已经找不到下山的路了：狂风卷着雪花，使能见度降得很低，眼睛能看到的地方，全是一片雪白。两名导游和5名中国游客很快陷入了危险的境地，稍有不慎，他们就有可能被狂风卷走，或者掉入雪壑之中被冰雪掩埋。

更令人绝望的是：在猛烈的暴风雪中，他们的手机失去了信号，与山下的高索斯古山基地完全联系不上了……

而此时，山下的高索斯古山基地工作人员也十分担忧。因为这里曾经发生过灾难：1997年，在暴风雪的袭击下，20名游客和滑雪场的工作人员在山上遇难，酿成了震惊世界的大雪难。当地时间下午5时30分，工作人员见7人还未回来，打电话也联系不上，于是赶紧报了警。

接到报警后，当地警察局迅速组织搜救小组，与消防人员以及国家公园、野生保护区的工作人员一起进山搜索。17日当天，由于受暴风雪影响，山区的能见度越来越低，搜救人员不得不在晚上10时30分停止搜救活动。第二天天刚亮，大家立刻展开新一轮的搜救。搜救人员一边搜救，一边不停地拨打两名导游的手机。

"他们的手机接通了！"上午10时许，参与搜救的警察终于拨通了其中一名导游的手机。当话筒中传来导游虚弱的声音时，参与搜救的人们都欢呼起来。

在离斯瑞德堡山顶吊桥一千米的地方，搜救人员找到了这些被暴风雪围困的登山者,并将他们成功救出了险境。

被暴风雪围困了整整一夜,5名中国游客和两名导游都安然无恙。原来,遭遇暴风雪后,冷静下来的他们并没有惊慌,而是采取了正确的自救措施:停止前行,并立即在附近找到了一块大岩石,在岩石下面筑起一道雪墙。"我们筑起雪墙用来抵挡风雪,因为实在太冷,大家都挤在一起互相取暖。为了打发时间,我们一起唱歌,把所有能够记得的歌都一一唱过来。"一名中国游客如是说。

"这就是他们获救的主要原因:他们没有四处乱走,而是躲在一块大石头下面等待救援人员的到来。如果他们四处乱走,在这么寒冷的情况下,最后等待他们的很可能是死亡。"参与救援的警官总结道。

这个事例告诉我们:第一,出外旅行之前,一定要对目的地的地理环境、天气气候等做尽可能多地了解和准备,并尽量避免在情况不明或恶劣天气下出行;第二,在做穿越或登山活动时,为了避免迷路,要提前准备一些必要的装备,如GPS导航仪、指北针、地形图等;第三,如果在野外遭遇暴风雪时不幸迷路,不要慌张,应赶紧寻找一个躲避风雪的掩蔽处;第五,要充分利用通信工具向外求救,打通求救电话后,关闭所有不用的服务,尽量保持手机的电量,直到等到救援人员到来为止。

千万记住:迷路时不要四处乱走!

顺山沟逃生

上面讲的是旅游景区遇险的事例,这种情况下游客失踪,景区工作人员和警察一定会想法全力搜救,不过,如果你是在荒无人烟的地方遭遇暴风雪迷路，那情况就完会不同了。

那这种情况下又该怎么办呢？让我们一起去看看科考队员的脱险经历。

黑竹沟，位于中国四川省峨边县境内，面积约180平方千米，这里沟壑重重，森林密布，生态原始，因为曾发生过多起神秘的失踪事件，所以人们叫它"死亡谷"。20世纪末期的一天，一支科考队来到这里探险，第一天便遭遇了可怕暴风雪。

这一天的科考活动结束后，晚上，科考队在山上搭起帐篷，大家围着篝火，一边谈笑风生，一边帮着厨师老张做晚饭。

晚7时多，正当老张忙着炒回锅肉时，天气突然发生了变化，大雨在雷电的助威下倾泻而下，一瞬之间，香喷喷的回锅肉便变成了水煮肉片。

暴雨持续了半个小时，雨停后，天上又下起了鹅毛大雪，而气温也随之急剧下降。

"这都五月了，怎么还会下雪？"一名年轻的队员感到困惑不解。

"因为黑竹沟山高谷深，原始森林茂密，阻隔了大气的交流速度，所以形成了这里独特的气候特征，常有一山观四季、十里不同天的气象景观出现。"队长老李解释道。

很快，山谷里便铺上了一层白色，整个世界都变得晶莹剔透起来。

"不好，我们必须赶在暴雪封山前下山！"向导突然想到什么，表情一下变得焦急起来。

"这就下山吗？"老李问。

"是啊，必须现在就出发，否则暴雪封山，谁也别想走出黑竹沟！"

"好，那赶紧下山吧！"老李很果断，立即指挥大家收拾东西撤离。

路上已经堆满了积雪，猛烈的暴风雪打得人眼睛很难睁开。大家冒着大雪，顶着狂风，一边探路一边缓慢行进。

走着走着，连向导也分不清道路了。四周一片银白，分不清哪里是路，哪里是沟壑。

"这样走很危险，必须弄清楚方向才行。"老李从怀里拿出罗盘准备辨别方向，可是罗盘也失灵了。

怎么办？正当大家一筹莫展的时候，远处响起了狗叫声。

"好了，附近有猎人。"向导欣喜地说，"咱们有救了。"

"哦哈哈哈——"他随即大声发出求救信号。

"哦哈哈哈——"远处也传来同样的声音，同时，狗叫声越来越近了。

果然是猎人！不过，当两个年轻猎人出现在他们面前时，大家都深深失望了：这两个人和他们的猎狗也在大山里迷了路，他们也分不清方向了。

"难道猎狗也找不到回家的路吗？"有队员觉得不可思议。

"狗主要是依靠气味辨别方向，现在雪这么大，把所有的气味都掩盖起来，它当然找不到方向了。"一名叫老冉的生物专家说，"大家别急，我有一个主意。"

"什么主意？"大伙精神一振。

"黑竹沟的整体地形是由高到低，咱们只要找一条比较大的沟，顺着沟一直往下走，一定能走出去。"

"老冉这主意不错！"老李说，"大家跟紧点，千万不要掉队了。"

大家找到了一条相对较大的沟，顺沟往下走，又经过一番艰难的历程，终于安全走出了黑竹沟。

这个事例告诉我们：如果野外遭遇暴风雪迷路，在导航仪失效的情况下应仔细查看附近地形，如果山势比较和缓，可以选择顺着沟谷往下走；在行进过程中，最好边走边用树枝做路标——这样做的目的，是为了在需要返回时找到来时的路径。

不过要记住一点：若暴风雪太大、积雪已经很深时，就不能再盲目往下走，而应立即停下来等待救援！

生火取暖保命

在暴风雪中停下来等待救援，最要紧的事情是什么？

你可能已经猜到了：取暖！没错，如果不采取措施取暖，极端的严寒会把人冻伤甚至冻死。什么是取暖的最好方式？当然是生火！

让我们来看看发生在俄罗斯的一个真实事件。

2016年1月2日晚间，在俄罗斯奥伦堡州的公路上，十多辆小轿车排成长队，在雪地中慢慢向前行驶。车上连同驾驶员在内，一共是84名乘客。这些平时在城里打工的人们，此刻迫切想早点回到温暖的家中。

寒风呼啸，鹅毛般的大雪洒落下来，天地间一片白茫。奥伦堡州位于南乌拉尔山山麓，由于纬度较高，冬季冷空气频繁入侵，这里一月份平均温度在-14℃～-18℃之间，下雪可以说是这里的家常便饭。不过，今晚的雪下得特别大，而且气温也非常低，无论是开车的驾驶员，还是坐车的乘客，都感到了一种彻骨的寒冷。

公路上的雪堆积得很厚，有些地方积雪甚至淹没了车轮，汽车行驶异常艰难。很快，前面的轿车熄火了，而后面的轿车也一辆接一辆停了下来。

"怎么不走了？"有人不满地问。

"雪太厚，轿车开不动。"驾驶员无可奈何地摇了摇头。

此时雪下得更猛了，不一会儿，车顶上便覆盖了一层积雪。人们赶紧打电话报警求助，然而他们得到的答复是：雪太大，救援车辆无法前来！

怎么办？这里荒无人烟，前进不能，后退无门，大伙全都泄气了。此时车里冷如冰窖，每个人都冻得浑身颤抖，如果不想办法取暖，这样待上一夜肯定会被冻死！

"咱们生火取暖吧！"有人提议。可是放眼望去，四周全是白茫茫的积雪，连一根柴火的影子都看不到。

"只有烧车里的东西了，否则这样下去，非冻死不可！"领头的驾驶员取出车内的装饰物，点燃烧了起来。

火光驱散黑暗，带来了温暖，也带来了希望，大伙围在熊熊燃烧的火堆旁边，让身体尽情吸引着热量。

当火光渐渐微弱下去后，又有人将后面车里的装饰物取来投进火里，让火继续燃烧了起来。

这天晚上，被困在雪地里的人们烧光了车内的装饰物和纸制品，一些人还把随身携带的证件和钱币都投进了火中，更有甚者，有人把身上穿的大衣也脱下来点燃……第二天中午大雪停止，当救援人员赶到时，这些被困雪地长达十五小时的人们终于得救。他们烧光了所有能烧的东西，温暖的火给他们的生命提供了安全和保障，不过令人惋惜的是：后来由于东西烧光，导致一人被严寒冻死，多人被冻伤。不难想象：如果没有火，被冻死冻伤的人肯定还会更多！

由此可以看出，被困在雪地里时，生火取暖是一件多么重要的事情！

那么，在雪地里怎么生火呢？如果你附近有树枝和木柴，生火取暖就变得十分简单，你只需有打火机就行了（生火时，最好能点上三四堆小火围在周围，因为这比一大堆暖和得多）。若是身上没带打火机，可以学学古人钻木取火：找一处干燥背风处，寻找一根干燥的木头，用硬木棒对着木头摩擦或钻进去，靠摩擦取火点燃火堆。当然了，如果你周围没有柴火，那就要像上面故事中的俄罗斯人那样，充分利用一切可以燃烧的物质取暖。

挖雪洞保暖

被困在雪地中，除了生火取暖，还有一个更适用的招数：挖雪洞。

专家告诉我们，雪洞有两大好处，第一是防风，待在雪洞里，可以最大限度地躲避凛冽的寒风侵袭；第二是保温，雪是天然的保温材料，它就像羽绒服一样，可以把人体散发出来的大部分热量保存住，避免人体热量快速流失。

闲话少说，还是赶紧去看一个真实的事例吧。

这是发生在美国俄勒冈州滑雪胜地胡德山峰的一件事。胡德山峰海拔3400多米，是俄勒冈州的最高峰，它不但是旅游胜地胡德山国家森林的中心点，同时也是全世界著名的滑雪场，每年都有不少美国人来到这里挑战高峰滑雪。

2016年2月初，一名叫郝克的登山客风尘仆仆，从西雅图不远千里来到胡德山国家森林，准备徒步攀登征服这座大山。2月1日一早，郝克背着登山包从山脚下出发了。这天的天气很好，尽管山上白雪皑皑，但天气晴朗，阳光透过薄薄的云层洒下来，让人感觉一切是那么的美好。下午时分，就在郝克快要到达峰顶时，天气突然发生变化：寒风呼啸，太阳迅速被浓厚的彤云遮掩起来，不一会儿，天上竟然飘起了鹅毛大雪。

天地间一片混浊，由于能见度奇差，郝克很快迷路了，他不知道路在何方，也不知道如何才能走下山去。四周一片白茫茫，看不到一个人影，除了寒风呼啸的"呜呜"声和雪花下落的"簌簌"声，他听不到任何声音。

所幸的是，他的手机还有信号，不过，他与山下景区的工作人员打通电话后，很快便失望了：工作人员告诉他，由于雪下得太大，他们现在没法上山来救助。

工作人员还告知：他必须设法挖雪洞撑过一夜，等候明天天气好转时救援人员上山。

希望落空之后，郝克渐渐冷静下来，他现在十分清楚自己的处境：大雪封山，他不能乱走，否则一不小心就会跌落深涧送命；山上气候酷寒，必须赶在天黑之前找到掩蔽处，否则就会被严寒活活冻死。

而一片白茫茫的山上，根本不可能找到掩蔽处，唯一的活命之道，就是如工作人员所说的那样：挖雪洞！

作为一名登山爱好者，挖雪洞这样的活对郝克来说可谓是轻车熟路。他四处打望了一下，最终选择了一处背风且积雪很厚的山坡。停下来后，他从背包里拿出雪铲，首先将倾斜的雪坡向内挖出了一方约1.4米高、0.8米宽的垂直墙面，然后贴着雪墙底部，朝内挖了一个呈半圆弧形的隧道入口，然后继续朝内挖……不到半小时，一个舒适宽敞的雪洞便大功告成了。郝克从背包里取出毛毯和取暖包，把自己全身包裹起来，然后朝雪洞里一躺，呼啸的寒风和铺天盖地的大雪都被挡在了外面。

晚上，大雪停了，天空重又晴朗起来，从雪洞里看出去，只见满天星斗，景色十分美丽。郝克一直在等着北极光，可惜始终没有看到。而雪洞里虽然舒适，不过里面的温度也比较低，为了避免失温，每过一段时间，他就不得不走出来活动身体。"我平均每小时有40分钟留在雪洞里，其他时间则出来活动，我不停地走路、铲雪、挖雪洞……"熬过艰难的一夜后，第二天上午，搜救直升机发现了郝克，他很快便被救下山去了。

郝克获救的经历告诉我们，被暴风雪困住迷路时，为了不致快速失温危及生命，必须尽快挖一个雪洞躲避风雪。专家指出，雪洞应垂直向下挖掘，在挖到一定深度时，可在雪洞一侧半腰处横向掏出一个可供自己躺下的平台，同时必须将平台上方的穹顶仔细抹平，防止人体的热量使顶部积雪融化。

专家同时提醒我们：雪洞虽然可以遮挡暴风雪，但里面的温度最高也不会超过0℃，为了防止脚趾和脚部等部位冻伤，每过一段时间就必须出来活动身体；活动时不要做太剧烈运动，否则会加速能量消耗，造成疲劳，反而不利于生存。

极地大逃生

北极和南极，是地球上最寒冷的地方，在这种冰天雪地的地方遭遇险情，我们应该怎么逃生呢？

最近，网上有一道很时髦的极地逃生考题——

有一支探险队去南极科考，在那里遭遇了特大暴风雪，在经历重重艰险之后，队员们终于走出了险境。可是，大家在检查行李时发现：存放火柴、望远镜等物品的袋子被暴风雪刮走了，在零下十几度的低温中，所有的食物冻得像石头一样坚硬。如果没有火柴，这些食物都无法食用……正当大家焦急万分时，知识渊博的队长想出了取火办法，大伙在他的指挥下，成功将食物加热并饱餐了一顿。

现在问题来了：你知道队长取火的办法是什么吗？我们都知道，南极到处都是冰雪，既没有石头，也没有木柴，因此摩擦起火、钻木取火之类的在这里完全不适用——对了，你想出问题的答案了吗？

没有是吧？那就告诉你正确答案：找一块不大不小的冰，把它削成中间厚、四周薄的规则形状，由于冰块是透明的，它就像凸透镜一样可以聚焦阳光，只要把食物放在焦点处（即光线交于一点处）就Ok了。

当然，这只是极地探险的一点小常识，下面咱们去看一个更加惊心动魄的极地逃生故事。

2013年4月，三个英国人踏上了格陵兰岛，准备徒步穿越这个被冰雪覆盖的世界。格陵兰岛是地球上最大的岛屿，面积达216.6万平方千米，由于约五分之四的地区在北极圈内，所以这里常年严寒，全岛都被厚厚的冰雪覆盖。

这三个英国人的名字分别叫菲利普，哈克尼和诺曼，他们此行的目的，是为女王护理学院筹集善款，也就是说，这是一场慈善跋涉，只要成功穿越整个大岛，引起全世界关注，就会吸引人们为学院捐款。这三人中，31岁的菲利普是一位极地探险新手，他是受祖父的激励后，才决定参加这场全程400英里的极地冰原跋涉的。

4月25日这天，菲利普他们出发了。眼前的世界一片白茫茫，用"千里冰封，万里雪飘"来形容一点都不为过。他们行走在冰天雪地之中，感觉自己是那么的渺小和微不足道。第一天顺利过去了，没想到刚刚第二天，一场暴风雪便袭来了。狂风裹挟着雪花，以155英里的时速向他们的帐篷吹来。很快，帐篷被大风撕裂，他们完全暴露在了风雪之中。

"快趴在地上！"哈克尼大喊一声，很快，他的喊声便被风雪淹没了。

风大，雪猛。为了防止被大风吹走，他们叠趴在一起，就像叠罗汉一样，菲利普趴在最下面，诺曼趴在他身上，而哈克尼则趴在诺曼身上……除了尖啸的风声之外，他们耳朵里几乎听不见任何声音，雪花大团大团地涌进来，很快将他们掩埋了起来。

时间几乎停滞了，寒冷无孔不入，哈克尼感到身体正在逐渐失去知觉，而头脑也在慢慢陷入昏迷。保持清醒，千万不能睡着！他一遍又一遍地提醒自己。为了不使自己睡着，他甚至用指甲狠狠地掐自己和诺曼的身体。

坚持了大约三十多个小时后，哈克尼终于熬不住，慢慢陷入了昏迷之中，而菲利普和诺曼也昏迷了过去。四十个小时后，救援队终于赶到了，然而菲利普已经不幸身亡，后经病理学家验尸，发现他是死于体温过低后呼吸和循环系统衰竭。哈克尼和诺曼也遭受了严重冻伤，哈克尼在事后说："这不是个游戏，不是人与人之间的斗争，而是人与自然的对抗。我们每分每秒都在努力活下去。"

哈克尼他们死里逃生的经历告诉我们：当你被暴风雪掩埋在冰雪之下时，不要悲观失望，更不要被死神吓倒，要努力使自己保持清醒，就像哈克尼所说的那样，每分每秒都努力使自己活下去！

躲到屏障后面

前面我们讲过，雪崩是很可怕的灾难，要远离雪崩，必须掌握相关的逃生知识。

2000年春季，一支中国科考队翻越昆仑山、唐古拉山，跨越湍急的沱沱河、怒江，于4月9日来到了雅鲁藏布江畔，对雅鲁藏布大峡谷进行考察。

5月8日，科考队副领队赵风勇带领地质队员董海敏、杨明到雅鲁藏布江的一条支流去采集样品。峡谷里，丛林密布，荆棘遍生。由于头天晚上刚下过大雪，地面十分湿滑。三个人踩着泥泞，一步三滑地在密林中摸索着前行。灼热的太阳照射下，山顶上的积雪反射着强烈的阳光，晃得三人不敢抬头。

下午 2 时左右，他们沿着第三条支沟往上走，准备去采集另一个样品。这时，沟里的积雪越来越厚，四周也是白茫茫一片。

"这里的雪好厚啊。"赵风勇内心隐隐升起一丝不安，"咱们都要小心雪崩。"

经他一提醒，董海敏和杨明都不由担心起来。三个人商量后，决定赶紧离开谷底，沿着北侧的山坡向上爬。

标本采集地点到了，三人拿出工具开始采集，突然听到山顶传来闷雷似的响声，紧接着，山谷里响起了轰隆隆的巨大声音。

"打雷了吗？"正埋头工作的董海敏和杨明有些惊讶。

"好像不是雷声，"赵风勇抬头一看，脸色大变，"雪崩了，快撤！"

话音未落，只见铺天盖地的雪雾已经沿沟谷汹涌而至，雪团、沙石四处纷飞，雪浪像千军万马乱冲乱撞，又仿佛是几万辆坦克同时开动，发出震耳欲聋的可怕响声。

"快躲到大树下！"撤退已经来不及了，三人赶紧跑到一棵大树后面，紧紧抱着脑袋，心里一片空白。碎石和雪块飞溅起来，不时砸落在身上，他们感到身上隐隐作痛。

不知过了多久，响声渐渐小了，飞溅的雪雾也慢慢消失了。三人从树后探出脑袋一看，雪崩已经无影无踪，只有雪石流还在缓缓往下流淌。

"这场雪崩持续了 20 多分钟，好险！"董海敏和杨明心有余悸。

"是呀，如果再持续几分钟，估计大树也挡不住了。"赵风勇说，"大树一倒，咱们就无处可逃了……"

在这场可怕的雪崩中，科考队员能逃过灾难可谓十分幸运。专家指出，在山区的雪地活动时，必须注意以下几点：一是大雪刚过，或连续下几场雪后切勿上山；二是无论选择登山路线还是宿营地，都应尽量避开背风坡，因为背风坡容易积累从迎风坡吹来的积雪，也容易发生雪崩；三是行进时如有可能应尽量走山脊线，要避免走雪崩区，实在无法避免时，应采取横穿路线，切不可顺着雪崩槽攀登；四是必须穿越斜坡地带时，切勿单独行动，也不要挤在一起行动，应一个接一个地走，彼此保持一段可观察到的安全距离；五是注意雪崩先兆，如果听见冰雪破裂声或低沉的轰鸣声，或是看见雪球下滚、仰望山上见有云状的灰白尘埃等，要立即停止前进；六是在高山行军和休息时，不要大声说话，以减少因空气震动而触发雪崩。

如果在山区不幸遭遇雪崩，应掌握以下逃生要领：

一、不要向山下跑，应向两边跑，并抛弃身上所有笨重物品。

二、切勿用滑雪的办法逃生。如处于雪崩路线的边缘，则可疾行逃出险境。

三、如雪崩面积很大，离得很近已无法摆脱时，可就近找一掩体（如岩石等）躲在其后；无任何物体可依时，应身体前倾，双手捂脸以免冰雪涌入咽喉和肺引发窒息。

四、抓紧山坡旁任何稳固的东西，如矗立的岩石、大树等。

一定要记住：雪崩时切勿向山下跑！

撑起生命的空间

如果雪崩发生时没能逃脱厄运，我们又该如何在漫天飞雪中逃生呢？

2015年4月中旬，一场寒潮袭击欧洲，奥地利气温剧降，大部分地区雪花飘飞。4月12日，大雪停止后，该国的因斯布鲁克附近山区迎来了一些滑雪爱好者。

因斯布鲁克是奥地利西南部城市，这座美丽的小城坐落在阿尔卑斯山谷之中，只要大雪一下，整个因斯布鲁克地区银装素裹，景色十分迷人。自古以来，这里便是滑雪爱好者的天堂，每年都有许多人来到这里滑雪。

23岁的罗伯特便是滑雪爱好者中的一员。4月12日，他搭乘朋友的车来到因斯布鲁克后，当天便乘坐缆车来到了滑雪场。放眼望去，整个滑雪场白雪皑皑，在阳光的照射下，雪地闪耀着刺眼的白光。一番全副"武装"后，罗伯特开始沿着滑雪场的最高点向下滑。山势陡峭，越往下滑，速度越快，罗伯特保持着身体平衡，充分享受着高山滑雪带来的激情和快感，他不时发出快乐的尖叫声。

滑到半山腰时，罗伯特怎么也没有想到：一场雪崩灾难发生了！当时，他听到身后传来"轰轰"的声音，回头一看，顿时吓得魂不附体：大量积雪像墙般倒立起来，形成一堵疾速下落的可怕雪墙；巨大的气浪冲击下，雪雾遮天蔽日，仿佛世界末日来临。

雪崩发出可怕的响声，仿佛脱缰野马般直扑山下。此时向山的两侧逃跑已经来不及了，罗伯特只能拼命向前滑行。

仅仅过了十多秒，雪墙便追上了罗伯特，巨大的气浪轻轻一推，罗伯特便像羽毛般被推倒在雪地上。瞬间，飞雪如千军万马辗过他的身体，来不及有所反应，他很快被厚厚的积雪掩埋了起来。

眼前一片黑暗，罗伯特紧紧闭着嘴巴，不让冰雪进入口中。如果逃不出去，在雪堆下面很快就会窒息死亡。所幸的是，他感觉自己还能够呼吸，而身体也似乎伤得不重。在最初的恐惧和惊慌过去后，罗伯特用双手一点一点地向上刨挖，希望能逃出雪堆的包围。不过，他的一切努力都是徒劳：上面的积雪太厚了，凭借他的双手，根本不可能从雪堆中逃出去！

怎么办？罗伯特慢慢冷静下来，他知道在雪堆下面，活命的关键是氧气，如果氧气耗完，他的生命也会很快消失。为了扩大生存空间，他尝试着横向刨挖，刨了一会儿后，他的手突然触到了硬硬的东西——凭知觉，他知道这是岩石。顺着岩壁一路刨下去，他终于刨出了一道窄窄的缝隙,此时,他已经精疲力竭了。

罗伯特以为雪堆里的氧气耗完后,自己会很快死去,然而一个小时过去了,两个小时过去了,三个小时过去了……他仍然能够呼吸。再后来,他的意识便有些模糊了,不过他以最大的毅力,坚持着没让自己昏睡过去。

大约十个小时后,救援人员从雪堆里把罗伯特挖了出来,此时他仍然有些意识。长时间被埋在雪下仍然获救,罗伯特创造了生命的奇迹!救援人员认为,他侥幸生存这么长时间的原因是身体周围有空气穴,从而使他能够呼吸,而且雪崩时他的身体没有受重伤。

而空气穴,正是罗伯特用自己双手刨出来的——他把岩缝间的积雪刨开后,这道通向外面世界的窄窄缝隙为他送来了源源不断的氧气!

罗伯特获救的事实告诉我们,雪崩被埋在雪下时千万不要悲观失望,要积极进行自救!专家指出,一般情况下,雪崩并不会砸死人,致死原因是被埋后的低温和缺氧,当我们被埋后,冷静下来时要奋力向上挖掘,设法爬上雪堆表面进行自救;如果不能从雪堆中爬出来,要减少活动,放慢呼吸,节省体能以等待救援。

当然,为了延续生命,要设法为自己创造一个活命的空间,被埋后支起双臂制造一个呼吸空间,或者像罗伯特那样刨挖一道通向外面的缝隙,都能有效延长生命的存活时间。

寒流来临早知道

前面我们介绍了寒潮和暴风雪来临时的逃生自救知识,其实,最有效的逃生方法,是关注天气预报。如果我们经常收听或者收看天气预报,并根据预报提示做好防灾避险,就可以最大限度地避免灾难发生。

下面,咱们一起到气象台,听听气象专家是怎么监测和预报寒潮的吧。

"我国的寒潮天气,主要是北方冷空气南下影响造成的。"气象台的彭台长指着一张世界地图说,"你们看,北极地区和西伯利亚、蒙古高原这一带地方,由于一年到头受太阳光斜射,地面接收的太阳光热量很少,尤其是到了冬天,太阳光线南移,这一带地面吸收的太阳光热量更加少,因此这里的气温很低。在冬季,北冰洋地区气温经常在-20℃以下,而最低时可到-60℃~-70℃。这里实在太冷了,根据热胀冷缩原理,这一带大气的密度就会大大增加,空气不断收缩下沉,使气压不停增高,最后形成一个势力强大、深厚宽广的冷高压气团。"

说到这里,彭台长从电脑里调出一张天气图,这是一张寒潮入侵前的地面天气图。从图上可以看出,在中国北方的西伯利亚和蒙古高原一带,有一个由平滑曲线围起来的圆圈,圆圈中心写着一个"G"字。彭台长解释说:"这个'G'是高气压的英文缩写,这个冷高压盘踞在中国的北方,就像一颗威力无比的定时炸弹。随着北极冷空气源源不断地加入,这个冷高压变得越来越强大,当它壮大到一定程度时,就会像决了堤的海潮一样,一泻千里,源源不断地向我国袭来,这就是涌潮。每一次寒潮爆发后,西伯利亚的冷空气就要减少一部分,气压也随之降低。但经过一段时间后,冷空气又重新聚集堆积起来,孕育着一次新的寒潮的爆发。"

彭台长介绍,气象预报人员对寒潮的预报,主要是监测这个冷高压何时发展壮大,以及它壮大之后的移动方向等,并根据它在不同时间段的位置,计算它的移动速度,并根据天气预报公式确定它何时可影响中国。

"寒潮爆发后,在不同的地域环境下具有不同的特点,比如在我国西北沙漠和黄土高原地区,寒潮到来时,表现为大风少雪天气,并极易引发沙尘暴;而在内蒙古草原则为大风、吹雪和低温天气;在华北、黄淮地区,寒潮袭来常常风雪交加,而在东北则表现为更猛烈的大风、大雪,降雪量为全国之冠;在江南常伴随着寒风苦雨天气,在一些南方地区还会出现低温冰冻。"

彭台长指出,随着科学技术的发展,气象部门对寒潮的预报越来越准确,不但强寒潮无法逃脱气象卫星和雷达的"火眼金睛",就是一般的冷空气入侵,其蛛丝马迹也会被气象人员捕捉到,他因此提醒大家,平时一定要多多关注天气预报。

寒潮预警握先机

"我国的寒潮预报一般可分为两种:预计未来 48 小时寒潮将会影响本地,这时发布的预报称为寒潮预警;当寒潮临近,预计未来 24 小时将会到达本地时,气象台就会发布寒潮预警信号。"彭台长介绍。

中国的寒潮预警分为蓝、黄、橙三级,其发布标准如下:

寒潮蓝色预警:预计未来 48 小时,2 个及以上省(区、市)大部地区平均气温或最低气温下降 10℃以上并伴有 5 级及以上大风,长江流域及其以北一半以上地区平均气温或最低气温将下降 8℃以上,冬季长江中下游地区(春、秋季江淮地区)最低气温降至 4℃以下。达到这个标准,中央气象台就会发布寒潮蓝色预警。

寒潮黄色预警:预计未来 48 小时,2 个及以上省(区、市)大部地区平均气温或最低气温下降 12℃以上并伴有 5 级及以上大风,长江流域及其以北一半以上地区平均气温或最低气温将下降10℃以上，冬季长江中下游地区（春、秋季江淮地区）最低气温降8℃以上。

寒潮橙色预警：预计未来48小时，2个及以上省（区、市）大部地区平均气温或最低气温下降16℃以上并伴有6级及以上大风，长江流域及其以北一半以上地区平均气温或最低气温将下降12℃以上，冬季长江中下游地区（春、秋季江淮地区）最低气温降至4℃、局地降至2℃以下。

寒潮预警信号则分为蓝、黄、橙、红四级，发布标准如下：

蓝色预警信号：24小时内最低气温将要下降8℃以上，最低气温小于等于4℃，陆地平均风力可达5级以上；或者已经下降8℃以上，最低气温小于等于4℃，平均风力达5级以上，并可能持续。收到蓝色预警信号后，应做好以下防御工作：政府及有关部门按照职责做好防寒潮准备工作；注意添衣保暖；对热带作物、水产品采取一定的防护措施；做好防风准备工作。

黄色预警信号：24小时内最低气温将要下降10℃以上，最低气温小于等于4℃，陆地平均风力可达6级以上；或者已经下降10℃以上，最低气温小于等于4℃，平均风力达6级以上，并可能持续。收到黄色预警信号后，应做好以下防御工作：政府及有关部门按照职责做好防寒潮工作；注意添衣保暖，照顾好老、弱、病人；对牲畜、家禽和热带、亚热带水果及有关水产品、农作物等采取防寒措施；做好防风工作。

橙色预警信号：24小时内最低气温将要下降12℃以上，最低气温小于等于0℃，陆地平均风力可达6级以上；或者已经下降12℃以上，最低气温小于等于0℃，平均风力达6级以上，并可能持续。收到橙色预警信号后，应做好以下防御工作：政府及有关部门按照职责做好防寒潮应急工作；注意防寒保暖；农业、水产业、畜牧业等要积极采取防霜冻、冰冻等防寒措施，尽量减少损失；做好防风工作。

红色预警信号：24小时内最低气温将要下降16℃以上，最低气温小于等于0℃，陆地平均风力可达6级以上；或者已经下降16℃以上，最低气温小于等于0℃，平均风力达6级以上，并可能持续。收到红色预警信号后，应做好以下防御工作：政府及相关部门按照职责做好防寒潮的应急和抢险工作；注意防寒保暖；农业、水产业、畜牧业等要积极采取防霜冻、冰冻等防寒措施，尽量减少损失；做好防风工作。

暴雪预警须重视

防御暴雪灾害，必须关注天气预报。彭台长指出：暴雪来临前，中央气象台和地方气象台都会发布预警信号，并提醒社会公众做好防灾准备。

暴雪预警信号共分四级，分别以蓝色、黄色、橙色、红色表示。

蓝色预警信号，表示12小时内降雪量将达4毫米以上，或者已达4毫米以上且降雪持续，可能对交通或者农牧业有影响，此时应做好以下防御：政府及有关部门按照职责做好防雪灾和防冻害准备工作；交通、铁路、电力、通信等部门应当进行道路、铁路、线路巡查维护，做好道路清扫和积雪融化工作；行人注意防寒防滑，驾驶人员小心驾驶，车辆应当采取防滑措施；农牧区和种养殖业要储备饲料，做好防雪灾和防冻害准备；加固棚架等易被雪压的临时搭建物。

黄色预警信号：表示12小时内降雪量将达6毫米以上，或者已达6毫米以上且降雪持续，其防御要点是：政府及相关部门按照职责落实防雪灾和防冻害措施；交通、铁路、电力、通信等部门应当加强道路、铁路、线路巡查维护，做好道路清扫和积雪融化工作；行人注意防寒防滑，驾驶人员小心驾驶，车辆应当采取防滑措施；农牧区和种养殖业要备足饲料，做好防雪灾和防冻害准备；加固棚架等易被雪压的临时搭建物。

橙色预警信号：表示6小时内降雪量将达10毫米以上，或者已达10毫米以上且降雪持续，防御要点为：政府及相关部门按照职责做好防雪灾和防冻害的应急工作；交通、铁路、电力、通信等部门应当加强道路、铁路、线路巡查维护，做好道路清扫和积雪融化工作；减少不必要的户外活动；加固棚架等易被雪压的临时搭建物，将户外牲畜赶入棚圈喂养。

红色预警信号：表示6小时内降雪量将达15毫米以上，或已达15毫米以上且降雪持续，或者可能已经对交通或者农牧业有较大影响。防御措施是：政府及相关部门按照职责做好防雪灾和防冻害的应急和抢险工作；必要时停课、停业（除特殊行业外）；必要时飞机暂停起降，火车暂停运行，高速公路暂时封闭；做好牧区等救灾救济工作。

彭台长还特地提醒，暴雪天气来临前，我们应当作好以下准备工作：

一、关注气象部门关于暴雪的最新预报、预警信息。

二、做好道路清扫和积雪融化准备工作。

三、暴雪来临前要减少外出活动，特别要尽可能减少车辆外出，并躲避到安全地方。

四、机场、高速公路、轮渡码头可能会停航或封闭，要及时取消或调整出行计划。

五、做好防寒保暖准备，储备足够的食物和水。

六、不要待在不结实、不安全的建筑物内。

七、农牧区要备好粮草，将野外牲畜赶到圈里喂养。

八、对农作物要采取防冻措施，防止作物受冻害。

"暴雪出现后，大家还应该做好下面这些工作，"彭台长进一步说，

"首先，暴雪出现后，牲畜采食困难，应加强人工补饲工作；其次，及时清扫自家或单位附近道路和屋顶的积雪；第三，外出时，要采取防寒保暖和防滑措施；第四，步行时尽量不要穿硬底或光滑底的鞋；第五，老少体弱人员尽量减少外出，以免摔伤；第六，驾驶人员应采取防滑措施，听从指挥，慢速行驶；第七，如果被积雪围困，要尽快拨打110、119等报警求救电话，积极寻求救援。"

道路结冰要慎行

寒冬腊月，当大范围强冷空气活动引起气温下降时，如果伴有雨雪，便极有可能出现道路结冰现象。

彭台长告诉我们，气象部门将道路结冰预警信号分为三级，分别以黄色、橙色、红色表示，收到预警信号后，出行一定要引起高度重视。

黄色预警信号：当路表温度低于0℃，出现降水，12小时内可能出现对交通有影响的道路结冰。收到预警信号后，交通、公安等部门要按照职责做好道路结冰应对准备工作；驾驶人员应当时刻注意路况，安全行驶；行人外出尽量少骑自行车，注意防滑。

橙色预警信号：当路表温度低于0℃，出现降水，6小时内可能出现对交通有较大影响的道路结冰。收到预警信号后，交通、公安等部门要按照职责做好道路结冰应急工作；驾驶人员必须采取防滑措施，听从指挥，慢速行驶；行人出门注意防滑。

红色预警信号：当路表温度低于0℃，出现降水，2小时内可能出现或者已经出现对交通有很大影响的道路结冰。收到预警信号后，交通、公安等部门做好道路结冰应急和抢险工作；交通、公安等部门注意指挥和疏导行驶车辆，必要时关闭结冰道路交通；人员尽量减少外出。

彭台长指出，出现道路结冰时，车轮与路面摩擦作用大大减弱，容易打滑，刹不住车，因此易造成交通事故，而行人也容易滑倒，造成摔伤。如2012年12月23日凌晨，安徽省六安至舒城的公路因道路结冰，导致13车连环相撞酿成特大交通事故，4辆车发生爆燃起火，2辆车侧翻，造成至少3人死亡10余人受伤。因此，交通、公安、公用事业等部门和单位，应密切关注当地气象预报预警信息，一旦发现路表温度接近0℃，应及时将盐均匀地撒在路面上；路面积雪时，应组织人力及时清扫，或者喷洒融雪剂；若因道路结冰引起交通事故，应在事发现场设置明显的警示标志，以防事故再次发生；注意指挥和疏导行驶车辆，必要时关闭结冰道路。

彭台长还对社会公众出行提出了如下忠告：

一、外出要采取保暖措施，耳朵、手脚等容易冻伤的部位，尽量不要裸露在外。

二、出门要当心路滑跌倒，应穿上防滑鞋。

三、不要随意外出，特别是要少骑自行车。

四、确保老、幼、病、弱人群留在家中。

五、因道路结冰路滑跌倒，不慎发生骨折，应做包扎、固定等紧急处理。

"对学生来说，要特别注意以下安全事项，"彭台长告诫："一是过马路要服从交通警察指挥疏导；二是少骑或者不骑自行车上学；三是不要在有结冰的操场或空地上玩耍；四是如果做溜冰运动，一定要做好防护措施。"

寒潮逃生自救基本准则

下面，我们来总结寒潮逃生自救的基本准则。

首先，关注天气预报。当我们收听（或收看）到气象部门发布的寒潮预警、暴雪预警、道路结冰预警后，一定要引起高度重视，并做好防灾避险的各项准备。

其次，关注寒潮前兆。寒潮来临前，蜘蛛、毛毛虫、瓢虫、家猪、驯鹿、土拨鼠、大雁、老鹰、大树等都会有所反应，此外，一些自然现象，如冬天打雷、北风猛刮等，都会预兆寒潮。只要我们留心身边的这些现象，就会捕捉到寒潮的蛛丝马迹。

第三，寒潮袭来要防冻。寒潮天气里，尽量不要外出游玩，不要爬楼和攀高，更不要远行；要避免冻伤，预防流感传染，预防胃病复发；雪天出行，要防脚下滑倒，防眼睛受伤。

第四，在野外突遭暴风雪迷路时，应迅速报警求助，并在原地等待救援，或者视情况顺山沟逃生；被暴风雪困住无法脱身时，一定要想办法生火，若没有生火的条件，要赶紧挖雪洞保暖。

第五，遭遇雪崩时，切勿向山下跑，应迅速向山的两侧跑，来不及逃跑时，要躲在屏障后面，或者抱住结实的大树；若不幸被埋在积雪下面时，要积极自救，设法为自己创造一个活命的空间。

寒潮灾难警示

2008年的那一场严寒

2008年初,一场百年一遇的低温雨雪冰冻袭击中国,19个省(区、市)不同程度受灾。据民政部统计,截至当年2月12日,低温雨雪冰冻灾害造成直接经济损失1111亿元。因灾死亡107人,紧急转移安置151.2万人,累计救助铁路公路滞留人员192.7万人;农作物受灾面积1.77亿亩,绝收2530亩;倒塌房屋35.4万间。

百年一遇的雨雪冰冻

2008年1月12日,湖南省会城市长沙飘落了2008年的第一场雪。在南方,下雪并不常见,因此这场雪带给人们的不是恐慌,而是难得的美景。几乎与此同时,成都、武汉等南方城市也飘起了纷纷扬扬的雪花。在白雪覆盖的公园和大街小巷,人们纷纷拿起手机或相机拍照,谁都没有意识到:一场大灾难悄然拉开了帷幕。

随着雨雪天气的到来,气温开始快速下降。在武汉等城市的一些老居民楼区,不时会发生水管冻裂事故,不过,大家并没觉得特别意外,因为过去的冬天有时也会出现这种现象。只有一些细心的人注意到:这一年水管下结出的冰凌比往年更大。

年关临近,此时正是亿万中国人回家过春节的时候,人们从四面八方出发,向着家乡的方向不停前进,然而,他们中的大部分注定要被雨雪和冰冻阻在路上。在广袤的中国大地上,第一场雪还没有完全融化，第二次暴雪又再次降临，从1月18日开始，第二次冷空气自西向东推进，纷纷扬扬的雪花再次飘落下来。紧接着，1月25日～2月2日，第三次、第四次暴雪接踵而来……这场恶劣天气持续时间之长、强度之大、灾害之重为历史罕见。据气象专家分析，这场极端天气有四个特点：一是影响范围广，它一共影响到19个省区市。二是持续时间长，像湖北、湖南是百年一遇，湖南省电线浮冰厚度达到30～60毫米，江西持续出现59年以来最严重的低温雨雪天气，贵州有49个县市持续冻雨日子突破历史记录。安徽持续降雪24天，是新中国成立以来最长的一年。三是强度大，这次持续低温冰冻天气强度很大，最低气温明显偏低，最高气温也很低，达到历史最低值。比如在河南、四川、陕西、甘肃、青海、宁夏，降水量是1951年以来最大值，浙江暴雪也是84年中最强一次。第四个特点是这次灾害是多灾并发，既有暴雪、低温、冰冻，又有大雾天气，这对中国南方交通运输、能源供应、电力传输、通信设施以及农业和群众的生活，造成了相当严重的影响和重大的损失。

巨大的损失和影响

这场百年一遇的低温雨雪冰冻天气，对中国的各行各业都造成了重大的影响。

大量的雨雪降下来后，落在输电设施上，由于低温很快便被冻结了起来，因此，在中国南方地区，输电设施承受的压力越来越大。随着低温冰冻天气持续，三峡电力大动脉——湖北宜昌至上海的500千伏直流流输电线路安徽霍山张冲段的4座线塔竟然被雨雪压垮了。这是中国最新最先进的一条输电线路！与此同时，冻雨和冻雪最严重的贵州，电网因灾受损线路多达2000多条。地处黔东南深山腹地的贵州省雷山县，数十处电力设备被大雪摧毁，该县成了2008年雨雪冰冻灾害中全国第一个大面积断电的地区。一夜之间，全县积压多年的蜡烛全部售罄。2008年1月25日，大雪第三次突袭更给贵州电网带来灭顶之灾：贵州东部电网全面崩溃。同一天深夜，郴州南部古镇白石渡一座电塔倒塌，使郴州从此开始进入了长达10天的慢慢长夜，电力中断还使铁路电车失去动力，千百万人因此被困在风雪路上。

　　三次暴风雪的连续袭击，造成高速铁路、公路、民航受阻，旅客大量滞留，生活和生产物资运输中断，公路险情不断。在南方地区，大量水汽遇到低温后结冰，导致线路结冰，铁塔垮塌，造成铁路运输中断。在广州火车站，滞留的旅客越来越多。1月26日，广州火车站滞留旅客超过10万，27日达到15万，28日逼近60万，1月30日整个广州地区的滞留旅客接近80万。从广州火车站警岗俯瞰广场外围，一片黑压压的人流，看不到尽头。直至2月3日，广州火车站还有近100万旅客等待出发。

　　而公路也被堵得水泄不通。冰天雪地的险恶气候环境，让成千上万私家车主几近崩溃：高速车祸、堵车、车辆损坏……因冰雪灾害，京珠高速受阻车龙最长时长达90千米，滞留人员上万。京广线、京九线以及17个受灾省份的高速公路也不同程度地中断或关闭。此外，民航也受到了严重影响,仅上海两大机场便有近千个航班延误,广州民航系统也有千余架次航班被迫取消,数千架次航班被迫延误,中南、西南、华东部分机场间歇性关闭。

这次罕见的低温雨雪冰冻天气,还使南方各省的农业、林业等蒙受巨大损失,农作物受灾面积1.77亿亩,绝收2530亩;森林受损面积近2.6亿亩。

灾害的"幕后黑手"

据气象专家分析,造成这次中国低温雨雪冰冻灾害的直接原因,是当年1月亚欧地区大气环流异常,而太平洋上发展的拉尼娜事件,则是引起大范围环流异常和低温雨雪冰冻的"幕后黑手"。

原来,2008年1月,中纬度亚欧地区上空的大气环流出现了异常,并且这种异常一直持续了20天以上,使得冷空气从西伯利亚地区源源不断地南下入侵中国。同时,西太平洋副热带高压位置异常偏北,向中国输送了大量暖湿空气,为雨雪天气的出现提供了丰沛的水汽来源。再加上青藏高原南缘的高空系统稳定活跃,使得印度洋来的暖湿气流也向中国输送。几者相加,从而造成了这起极端天气。

不过,这一切的"幕后黑手"正是拉尼娜现象。拉尼娜是指赤道太平洋东部和中部海面温度持续异常偏冷的现象。2007年8月份以后,赤道东太平洋海表温度较常年同期持续偏低并迅速发展,进入了拉尼娜状态,是1951年以来拉尼娜发展最快的一次。专家研究表明,拉尼娜事件发生当年的冬季,有利于中纬度大气环流的经向度加强,冷空气活动频繁,因此造成了中国气温偏低、雨雪偏多的极端天气。

一级暴雪灾害

2007年3月4～5日,中国辽宁全省范围内遭遇了一场特大暴风雪。38小时内,狂风暴雪横扫辽宁全境。机场关停,公路封闭,列车晚点,数万名旅客滞留;水电不畅,学校停课,单位放假,社会秩序瞬间打乱。

经气象专家评估,这场暴风雪为一级暴雪灾害,属最严重级别。

暴风雪来了

3月4日凌晨5时,辽宁省城沈阳市,一名叫苏学军的公交车司机像往常一样准时起床,他要提前一个半小时到公司去查看车况。6时30分,当他走在上班的路上时,地面上已经有了一层薄薄的积雪,"雪粒子"打在脸上火辣辣的疼。苏学军每天晚上11点才能下班,没有看电视天气预报的习惯。作为一个有14年驾龄的老师傅,他默默告诫自己雪天路滑,开车要小心。

7时整,苏学军开着第一班公交车出车,此时车上有二十来人,大部分是学生。路上雪不多,车轮压一下就化了,但他还是紧握方向盘、放慢速度。3月4日这天正好元宵节,下雪倒是应验了古谚"正月十五雪打灯"的"好兆头"。

但越来越大的降雪,顷刻间将"好兆头"化为乌有。这天上午,沈阳中心气象台在半小时内连续发布三次预警信号,预警等级也从蓝色迅速上升到红色。上午10时,辽宁省各市气象局宣布启动辽宁省气象灾害Ⅱ级应急预案。

苏学军不知道什么是"气象灾害的应急预案",但清早的好运随着预案启动结束了。上午10点,当他驾驶的公交车第三次行驶至中山广场时,由于路面积雪太厚,发动机一下熄火,他和公交车被困在了雪地里。

苏学军借来一把铁锹试图铲雪救车,就像希腊神话中不断"推石上山"的西绪弗斯一样,他每铲一锹雪,马上狂风裹暴雪又填满了。三个小时后,他决定放弃。此时,大汗淋漓的苏学军,头发结冰,头上就像喷了发胶似的,一碰就成坨往下掉。

与苏学军的遭遇相似,这天上午,沈阳全市超过1000台公交车因为暴风雪"趴窝"在马路上。上午8时,沈阳桃仙国际机场宣布关停,辽宁全省的高速公路也相继关闭,客、货运船舶已全部停航。沈阳,这座中国东北的大城市变成了一座"孤岛"。

积雪堆到列车窗口

在暴风雪的肆虐下,铁路运输更是遭遇了严重困境。

3月4日,辽宁全省普降暴雪。当天上午,一辆由泰州开往哈尔滨的列车，路经辽宁锦州南站前时，被迫在一个前不巴村后不着店的地方停车。

狂风卷着雪花，分不清哪是天，哪是地。很快，暴雪便淹没了铁轨，而且越积越深，很多旅客开始不安起来。中午11时，列车依然没动，此时，列车左侧的大雪已经堆到车窗，足足有两米深。因为列车停车的位置离火车站很远，再加上大雪封路，食品和水根本无法补给，餐车上除了75斤大米外，始发时带的食物都用完了。为了保证所有旅客都能吃上午饭，列车长决定，把75斤大米全部煮成稀饭，免费供应给旅客。

在暴风雪的肆虐中，列车被困了整整一夜。5日中午11时50分左右，列车启动运行30分钟后在盘锦站又停了下来。由于机车停车时间长，车内无法供电，车厢内温度急速下降，不到一小时已接近零度，大家被冻得瑟瑟发抖。为了保暖，列车员把所有的车窗和车厢两头的自动车门都关闭了，同时分头提醒旅客将携带的衣物穿上。

为了早日脱困，铁路部门想尽种种办法，并专门派出铲雪工人乘坐火车到达受阻地点。在齐腰深的冰雪中，工人们艰难地铲除积雪。随后，铁路部门派来了三个火车头，加上原来的机车，两个在前面拉，两个在后面推，终于将这辆深陷在冰雪中的火车拉动了。5日17时30分，列车终于到达了沈阳北站。车站紧急从3千米外调来了餐料、水和碗面等补给品。6日凌晨1时分45分，这辆列车晚点30小时后，终于平安到达了哈尔滨站。

暴雪压塌屋顶

由于暴雪积压，辽宁全省有不少房屋被压塌或损坏。

2007年3月4日中午，沈阳市皇姑区明廉农贸大厅内，正在进行交易的人们听到"砰"的一声爆响，随即，上面的顶棚稀里哗啦掉了下来。第一个顶棚塌下来的时候，当时有二三十人正在下面。塌落的顶棚，当场便造成 1 人死亡，7 人受伤。紧接着，第二个、第三个顶棚也发出了吱吱嘎嘎的声音，响声过后，这两个顶棚也塌落了。大厅内的其他业主赶紧跑出大厅躲避，这才避免了更大的悲剧。

在乡村，暴风雪也四处肆虐。大雪狂降时，在距沈阳市区 35 千米的兴隆堡镇晏海营子村，村民李德贵时常要爬到自家暖棚上扫雪，以解脱被大雪压得吱哑吱哑叫的钢架棚。不过，他最终还是没能保住暖棚。大雪压塌暖棚后，里面的三百多只鹅当场被压死，剩下的 600 只鹅"无家可归"。为了将鹅卖出去，李德贵拼命给电台、电视台打电话，希望能给 600 只鹅尽快找到买主，结果让他无比失望——买主倒是找到了，但是车开不进来，因为通往村外的马路上积雪达半米多深。

4 月 5 日凌晨 3 时许，沈阳的大雪终于停息。气象报告显示，辽宁省平均降水量达到 43.2 毫米。其中，最大降水量出现在鞍山市，为 78 毫米，属于特大暴雪。沈阳降水量为 49 毫米，为 56 年来最大一次降雪。这次特大暴风雪给辽宁全省带来了严重灾害，大部分城市道路交通瘫痪，供电、供水、供暖以及市场副食品供应出现危机，铁路和海上交通停运，民航机场关闭，农业、渔业受损严重，一些大企业被迫停产、半停产。据统计，灾害共造成辽宁全省 90 个县（市、区）、138.5 万人受灾，紧急转移安置 4 万多人，因灾死亡 14 人，受伤 400 多人，倒塌房屋 4500 多间，共造成经济损失约 109 亿元。

欧洲强寒潮

2010 年冬季，强寒潮袭击欧洲。滚滚寒流肆虐下，欧洲大地气温剧降，雪花飘舞。暴风雪从当年 11 月底一直持续至圣诞节。

这场强寒潮不仅导致欧洲各国交通堵塞、航班取消、电力供应中断，严重影响社会生活，甚至对民众的生命和健康构成威胁，据不完全统计，暴雪和低温至少造成欧洲上百人死亡。

强寒潮早早南下

2010年11月底，在冷高压的推动下，一股股冷空气从北极源源不断地吹往欧洲大陆。一时间北风呼啸，气温剧烈下降。11月27日白天，位于日德兰半岛北部的丹麦气温降到了－3.8℃，创下了该国120年来11月白天气温的最低值。28日夜间，鹅毛般的大雪从天而降。寒风怒号，裹挟着雪花席卷了丹麦全境，特别是丹麦首都哥本哈根地区更是出现了罕见的暴风雪，路面积雪厚度超过了10厘米。29日早晨，哥本哈根机场被迫临时关闭，这是该机场25年来首次因为降雪原因关闭。

寒流以摧枯拉朽之势向南推进。29日，德国同样降下大雪，数小时内，公路上便堆满了厚厚的积雪，全国各地道路出现了不同程度的拥堵，车祸持续不断。这一天，德国发生数千起道路交通事故，造成至少3人死亡、数十人受伤。另外，有数百个航班因大雪被取消，其中德国最大机场法兰克福机场有近200个被取消。

与德国相邻的法国也被寒流笼罩，该国东部、西部及中部地区暴雪突降，气温大幅降低。大量积雪压塌输电线，使供电设施遭到破坏，多个省份供电中断，许多公众被迫在冰天雪地中忍受酷寒；一些人在使用燃气取暖时，因操作不当或紧闭门窗等，导致一氧化碳中毒——3天时间里，全国有54人因一氧化碳中毒入院治疗，其中包括13名儿童。寒潮降雪天气，还对法国陆路运输造成了严重的影响。在法国东部洛林地区，降雪和低温使一些高速公路路段积雪和结冰，交通部门不得不禁止载重货车通行；法国中部地区一些城市，积雪和结冰使公共交通几乎瘫痪。

与法国隔海相望的英国同样雪花纷飞，出现了 1993 年以来 11 月中最大范围的降雪和降温天气。27 日夜间，威尔士和北爱尔兰的最低气温分别达到零下 18℃和零下 9.5℃，均打破了有气象记载以来的 11 月最低气温纪录。此外，波兰、捷克、奥地利、瑞士等国也同样遭到寒流侵袭，整个欧洲大地几乎被白雪和严寒笼罩。

欧洲各国遭遇寒潮　英运煤工迎来最繁忙时期

运煤工人正将成袋的煤扛至居民家中

近日，欧洲各国遭遇寒潮，普降大雪。2010 年 20 日凌晨，英国气象台在伦敦附近的白金汉郡记录到英国有史以来的最低气温——零下 19.6℃。极端低温令英国民众的取暖需求大幅增加，煤炭等能源一度陷入供不应求的紧张状态。

虽然临近圣诞，但英国的运煤工人却忙得焦头烂额，没有时间与家人一起筹备圣诞。持续的低温天气使英国人的煤炭需求明显增加，运煤工人也迎来了他们一年之中最为繁忙的时期。

图片中的男子名叫唐纳德·布莱尔,他是英国苏格兰一个小镇的运煤工人。近段时间以来,他的工作量明显增加了很多。每天运煤之前,他要先用铁铲将库房的煤炭铲出来,再用袋子将称好重量的煤一包包地扎好,然后把成包的煤装入运煤卡车。之后,他就开着卡车去送煤。每到一户订煤的居民家门口便停下车来,将煤扛到客户的家中。一拨运完他再回去装第二拨要运的煤。由于天气太冷,他基本运完一两回就要回到办公室烤火取取暖,顺便休息一下。然而,买煤的电话依旧不断,歇不了多久他就又要出门工作。

据悉,英国近段时间以来的大雪不仅给民众带来了不少麻烦,也令英国蒙受巨大经济损失,英国陆空交通几近瘫痪,超过50万名游客滞留在英国境内,仅英国航空公司每天就要损失千万英镑的利润。英国政府形象也因此受损,英国及世界多数媒体都撰文指责当局无力应对大雪。

数百人被严寒冻死

在这场强烈的寒流中,欧洲直接冻死的人至少在数百人以上,而因严寒导致冻伤、心脑血管疾病复发者则不计其数,特别是一些老弱病幼者更是因此失去了生命。

11月底,当寒潮开始南下时,法国便有多名流浪者被冻死。在南部城市马赛,一天晚上,一名年约40岁的妇女浑身战栗着,走进了一栋居民楼房的门厅里。这名妇女是一名流浪者,她无家可归,为了抵御严寒,不得不四处寻找避风的地方。走进门厅后,她先是看了看四周,最后选择在门厅的一处角落里蹲下来。寒冷的长夜过后,第二天早上,楼房里的居民推开自家房门后发现,这名流浪者浑身僵硬,早已停止了呼吸……为了帮助流浪者们度过难熬的寒冬,法国各地的政府出台了应对措施。在里昂,政府启动了两个预防寒流计划,并征用了一个室内体育馆,用以接待百余名无家可归者。同时,各地社保机构的儿童辅助中心也在积极行动,为无家可归的流浪儿童提供住所。

在欧洲各国中,波兰因雪灾和严寒死亡的人数最多。这些死亡者与其他国家的冻死者不同:在很多国家,冻死的遇难者中大部分是无家可归的流浪汉,但是在波兰,很大一部分遇难者却是因酗酒醉倒在街头的酒鬼。因为酒文化在波兰非常发达,很多波兰人都喜欢饮酒,特别是高度的伏特加酒。很多人在痛饮之后,就会在街头一醉不起,随后被严寒夺走生命。为了防止更多酒鬼丧命,波兰相关部门不得不发出通告,呼吁市民注意醉倒在街头的酗酒者和流浪汉,及时报告警方,以便为他们提供衣物和御寒的场所。

寒流暴雪虐美国

2014年1月初,美国遭遇极端寒流天气,北极冷空气源源不断南下,导致美国中西部到东北部大部地区气温剧降,暴风雪肆虐。

飞机停飞,学校停课,老弱者冻死……这场寒流使上亿人受到影响,经济损失不计其数。

市长带头清理积雪

2014年1月元旦过后,位于北半球的美国迎来了新的一年,然而,对美国人来说,这一年的开局并不快乐。

1月2日开始,一股猛烈的北极寒流南下到达美国。这场寒流可谓来势汹汹,影响范围包括美国中西部到东北部大部地区,横跨1200

英里，波及22个州的上亿人口（几乎占了美国总人口的一半）。寒流所过之处，北风呼呼，大雪纷飞，气温剧烈下降。截至3日早晨，全美22个州的部分地区发布了冬季风暴警告或公告。马萨诸塞州海岸地区降雪达14～18英寸，波士顿北部地区的积雪更是深达两英尺（60厘米）。伴随着强风和大雪，多地气温直线下降，大部分地区最低气温跌至冬季最低点。3日早晨，威斯康星州局部最低气温已跌至—27.8℃，打破了1979年以来的最低气温纪录。

暴风雪使美国很多地方交通堵塞，出行困难。3日早晨起来，美国东北部地区大部分居民，第一件事就是铲除家门前的大雪。在纽约，清扫积雪的队伍中，赫然出现了一个公众熟悉的身影，他就是纽约市新任市长比尔·德布拉西奥。这一天，纽约市派出了1700台扫雪车和450台撒盐机清除路面的积雪。同时，纽约市无房户服务局增派一倍人员上街巡逻，为无家可归者提供庇护所。为了清扫自家门前的积雪，德布拉西奥拿起扫把，加入到清扫积雪的队伍中。清理完门前的积雪后，德布拉西奥略显自豪地说："我感觉这次应对得不错。"在此之前，德布拉西奥曾经批评过前任市长迈克尔·布隆伯格，指责他在2010年的暴风雪中应对不力。

由于暴风雪和强降温造成的巨大影响，纽约州和新泽西州州长分别宣布两州进入紧急状态，敦促居民不要出门。联合国总部大楼、纽约州和新泽西州的联邦法院也不得不关门大吉，停止办公。康涅狄格州、马萨诸塞州、新泽西州非紧急部门政府工作人员放假，美国人事管理局甚至对联邦政府工作人员提出劝告：在家办公或请假。东北部地区的绝大多数学校也被迫停课，在明尼苏达州，州长马克·戴顿要求全州所有公立学校停课——这是1997年1月以来，明尼苏达州首次关闭所有公立学校。

「寒潮灾难警示」

冷空气并没有停止脚步。寒流持续到1月7日,美国大部地区都遭遇了创纪录低温,局地最低气温打破近一百多年来的低温纪录。美国国家气象局工作人员表示,从美国中西部到东南部,多数地区气温比常年历史同期低14～19℃,新年过后的短短一周内,美国超过120个城市打破了低温纪录,许多城市出现数十年来的最冷天气。

受寒风、冰冻和降雪影响,美国多地航空、公路运输处于瘫痪状态,约2万架次航班被迫取消。此外,零售、旅游等行业也严重受挫。据估计,受此次寒潮影响,美国的经济损失可能高达50亿美元。

记者裹着被子出镜

这次强寒潮,对美国人的工作、生活造成了重大影响。有一位在美国生活的华人,在日记中记下了寒流袭来时的可怕情景:"晚上,听见风呜呜地吹过去,大雪扫荡树林的声音,真让人担心房子都会拔地而起。扒着窗户往外瞧,风雪茫茫一片,不远处的路灯发出一豆暗黄的灯光,再远处就什么也瞧不见了。我正在喝热咖啡呢,突然灯灭了,一片黑暗,电视也没了……为了保暖,我迅速躺到床上,躲到被窝里。

第二天一早被冻醒后,赶紧到大门口去看,只见外头的雪堆了小半张门那么高,而且大片的雪花还在下,密集得连成一条一条雪花的鞭子,在空中猛烈地抽,看得人心惊肉跳。"

极端严寒中,一些地方人体的体感温度甚至达到了-50℃～-60℃。气象专家提出警告:在这种极寒天气中,在户外待上5分钟就有可能冻伤皮肤。对一般市民来说,寒冷天气可以待在家里不出门,不过对于电视台的记者来说,出门采访却是不得不进行的工作。为了抵御严寒,记者们可谓"八仙过海,各显神通",其中最"萌"的一名记者甚至裹着被子出门采访。

这名记者是一位电视台的采访人员,上午人们都躲在家里不敢出门,而他却不得不上街去采访报道。因为天气太冷了,他随手抓了一条被子裹在身上,随同事来到了大街上。这天上午,在被子的帮助下,他在镜头前顺利完成了报道工作。"这个办法挺管用,有了它,我就没那么冷了。"事后,这名记者还在网上和大家一起分享御寒的经验。

十多人被冻死

这次美国的寒流有多冷,可能你无法想象:暴风雪过后,一座座城市变成了挂满冰凌和堆满积雪的童话世界,不管是房屋还是桥梁、公路,都被冰雪严严实实地冻结起来。在最冷的时候,不只是建筑、草木结上了冰,就连出行的人身上也结了冰。英国《每日电讯报》记者拍摄了一组照片,照片上的人们不但帽子上、身上落满雪花,而且胡子、眉毛也结了一层冰,看上去不可思议。据媒体报道,这次寒流至少造成16人死亡,其中包括一名71岁的老妪。这名老妪患有阿尔茨海默氏病,2日傍晚她外出时,穿着单薄的衣服,结果仅仅几个小时,便被严寒活活冻死。也有些人死于其他事故,其中费城一名工厂工人使用机器搬运融雪用的盐时,意外被高高的盐堆压死。

寒流肆虐下，动物园的北极熊和企鹅也被迫待在室内。1月6日，芝加哥最低温低至－27℃，该市林肯动物园唯一的北极熊安娜因从小在城市长大，脂肪不及野生北极熊厚，无法抵御如此严寒，因此只得被转移至室内。而在匹兹堡的国家鸟类公园里，已经习惯了温和天气的秃鹰和非洲企鹅也扛不住严寒了，当天它们的演出被迫中断，被紧急送到了温暖的室内保命。

百年大雪袭中东

"中东地区"或"中东"，指地中海东部与南部区域，即从地中海东部到波斯湾的大片地区。这里的气候类型以热带沙漠气候为主，终年高温炎热，干旱少雨。

2013年12月中旬，一场百年一遇的大雪袭击中东，埃及、以色列、黎巴嫩、叙利亚等中东国家白雪飘飞，寒风呼啸，造成多地交通瘫痪，而零度以下的气温更是令200多万叙利亚难民的生活雪上加霜。

大地披上银装

据专家分析，中东地区之所以炎热少雨，主要原因是这里大部分地区位于北纬20°~30°之间，北回归线从中部穿过，所以气温比较高。从大气环流来看，这里处于副热带高压和来自亚洲内陆干旱地区东北信风的控制下，这两种环流都是热浪的制造者，它们控制下的地区很难成云致雨，再加上中东闭塞的高原地形，阻挡了海洋湿润空气进入，这样就更加剧了本地区的干旱，所以中东地区干旱少雨，植物在这里较难生长，因而形成了一望无际的沙漠地貌。

中东国家中，埃及可以说是热带沙漠气候的典范，该国国土面积的96%为沙漠，全国气候炎热，干燥少雨，年均降水量只有50～200毫米。埃及人冬季别说看到下雪，就是下雨都觉得很稀奇。

不过，2013年12月12日晚至13日凌晨的一场大雪，使埃及的大地披上了雪白盛装，首都开罗更是银装素裹，变得格外洁白绚丽。

"天啦，窗外怎么变得那么白？"13日一早，在开罗市区的一个居民小区，一个主妇起床后惊讶地叫了起来。

"没什么奇怪的，可能是今天要搞什么活动吧。"她的丈夫在床上蒙着被子，漫不经心地回答。

"不是，外面的景物绝对不是人为布置的。"这位主妇拉开窗子，一股寒气立时钻进屋来，让她情不自禁地打了个寒战。同时，她也看清楚了：外面铺天盖地的银白是积雪！

"下雪了，下大雪了！"她激动地说，"我这辈子只从电视上看见过下雪，真实的雪景还从没看见过呢，不行，我得赶紧到大街上去。"

"下雪了吗？"她的丈夫一翻身爬起来，看到窗外的雪景，也不禁惊呆了。

据埃及气象部门数据显示，这场大雪是开罗112年来第一次下雪。可以说，几乎所有的埃及人都没有在自己的家门口看见过下雪的景象。这场大雪让他们十分震惊，很多人都在论坛等社交媒体上晒出雪景照片，并表达自己的惊讶和好奇。小孩们当然是最高兴的，他们在雪地上追逐嬉戏，堆雪人，打雪仗，玩得不亦乐乎。

不过，高兴归高兴，这场百年不遇的大雪，也给当地造成了不少麻烦。首先是交通堵塞，积雪堆在路上，对车辆和行人出行都造成了一定阻碍，埃及相关部门不得不发动市民清扫积雪；其次，融化的雪水对一些农村的房屋造成了损坏，因为当地很少下雨（即使下雨也不会很大），因此许多农村房屋都是用干泥修建的，雪水一浸，一些房屋便出现了漏水、墙面损坏甚至倒塌的现象。此外，一些老人和打雪仗的孩子也在雪地上不慎滑倒摔伤，不得不到医院就医。

暴雪影响巨大

与埃及相比，以色列受到的影响更大，因为该国降的不是一般的大雪，而是一场特大暴雪。

这场特大暴雪发生在 2013 年 12 月 12 日夜间至 13 日凌晨。13 日一早，以色列人起床后发现自己居住的家园已被厚厚的白雪覆盖，房顶不见了，树木不见了，道路不见了……整个城市变成了一片白茫茫的世界。据气象专家估计，这可能是自 1953 年以来，以色列遭受的最大一次降雪。

暴雪给以色列造成了巨大的影响。耶路撒冷地区交通系统瘫痪，为此警方不得不限制车辆进出该市。在大雪围困下，车辆寸步难行，13 日当天，有 1500 多名以色列人滞留在车中。耶路撒冷市的市长只得向军队求援，在警察和军人的帮助下，这些受困者才得以连夜转移到安全地区。暴雪还影响到航空和海运，以色列特拉维夫附近的本古里安国际机场被迫关闭,而与以色列相邻的埃及几个重要港口也连续三天关闭。受暴雪影响,电力供应也出现了问题,据统计,13日以色列全国共有超过4万个家庭供电中断。

暴雪带来的严寒,也让人们吃够了苦头。13日的大暴雪,没有阻挡住虔诚的信徒们的脚步,在耶路撒冷老城的阿克萨清真寺,信徒们在冰天雪地中前来祈祷,不少人冻得瑟瑟发抖。尽管采取了积极的御寒措施,但还是有不少人被冻伤,或因寒冷患病,其中有2人死亡,成了这场大暴雪的遇难者。为了救治患者,当局临时设立了三家急救中心,治疗了数百名因为受寒前来就诊的市民。

大雪中断阿勒颇激战

据气象专家解释,中东这场大雪,是由名为"亚历克莎"的暴风雪所带来的。从12月11日起,"亚历克莎"便袭击了黎巴嫩大部分地区和叙利亚北部地区。在它的肆虐下,这些地区出现了暴雪和强降雨,而且气温骤降至零度以下,给当地带来了很大影响。

在黎巴嫩,降雪主要集中在北部和东部地区,那里聚集了大量叙利亚难民。这些难民从自己的家园中逃难出来时,只携带了一些随身的物品,根本没有足够的御寒衣物。暴雪发生时,大部分难民唯一御寒之物就只有薄薄的塑料帐篷。英国媒体称,至少有8万叙利亚难民在帐篷里过冬,还有很多人会住在仍未完工或没有取暖设施的建筑物里,换过寒冷而漫长的冬天。

这场暴雪带来的唯一好处,是暂时阻止了叙利亚国内的战争。在叙利亚北部城市阿勒颇,政府军和反对派一直激战不休,不期而至的暴雪,使得双方不约而同地停止了交火。据了解,暴雪从10日晚间便开始袭击阿勒颇,街道、车辆和建筑都披上了厚厚的积雪,阿勒颇的气温降到了0℃以下。因为暴雪和降温太过突然,双方的士兵都没有多余的御寒衣服，他们被冻得瑟瑟发抖，不得不暂时停止交火，到处找地方取暖。

冰山引发大海难

你看过电影《泰坦尼克号》吗？这部灾难片并不是虚构，而是根据真实海难故事改编拍摄而成的。

导致"泰坦尼克"号巨轮沉没的，除了人为因素，还有寒流方面的原因。

"泰坦尼克"号沉没

1912年4月10日，"泰坦尼克"号巨轮从英国的南安普敦港出发，开始它的第一次航行。它将穿越浩渺的大西洋，到达美国纽约。

"泰坦尼克"号是当时最大的客船之一，它身长882.9英尺，宽92.5英尺，从龙骨到四个大烟囱的顶端有175英尺。此外，这艘被人们称为"梦幻之船"的巨轮十分豪华，它耗费了7500万英镑，从外观到内部都经过精心设计，可以说匠心独营，其壮美程度无与伦比。当它建成下水后，人们将乘坐这艘船视为当时最时尚、最荣幸的事情，因此，尽管"泰坦尼克"号处女航的票价不菲，但船票刚一开始出售，便被抢买一空。

"泰坦尼克"号的船长名叫爱德华·史密斯，这是一名航海经验十分丰富的航海家，船员们都以跟着他出海航作为一种骄傲。4月12日中午，在史密斯船长的指挥下，豪华巨轮缓缓离开码头，踏上了长途航行的旅程。船上的游客全都站在甲板上有说有笑，高高兴兴地与岸上的亲友道别。两天后的4月14日，"泰坦尼克"号来到了茫茫的大西洋上。晚上，船舱里有人在休息，而更多的人却还在船舱的大厅里，尽情地喝酒和跳舞。"今天晚上的天气真好！"史密斯在船长室，看到外面星光闪烁，风平浪静，紧绷了两天的神经完全放松了下来。刚开始起航时，他还对这艘新船有些不太放心，但经过两天的旅行，他已经对"泰坦尼克"号充满了信任。"请注意，前边的海面上有冰山！"这时，附近有艘船发来了冰情通报。"这种天气，即使有冰山也不会有太大危险。"史密斯嘟囔着，并没有把危险放在心上。"我们已经发现了冰山，请你们注意！"接着，附近的许多船只也发来了通报。"赶快观察一下，看看前面有无冰山！"史密斯不敢大意了，赶紧命令瞭望员进行观察。"糟了，我忘了带望远镜！"瞭望员只得硬着头皮，他用肉眼观察了许久，但都没看到远处有冰山。"前面和左右都没发现冰山！"瞭望员大声向史密斯报告。"请继续观察！"史密斯心里的一块石头放了下去，船上的人们也逐渐放松了警惕。

深夜23点40分，瞭望员再次漫不经心地向前方观察时，突然发现远处有一块黑影正在迅速变大。"危险，前面可能有冰山！"他赶紧拿起电话向前舱报告。"船只减速，向左转舵！"史密斯心里一紧，立即发出"往回走"的命令。可是已经迟了，船员们还未来得及执行史密斯的指令，只听"嘭"的一声巨响，船重重地撞上了冰山。"快停下！"史密斯头上的冷汗一下冒了出来，他命令船只停下，就地检查船只损坏情况。

一切似乎正常！可大家并不知道：由于撞击力太大，船底铆钉断裂，大量的海水已经涌进了水密舱。当船停下后，一些乘客兴犹未尽地来到甲板上欣赏夜影，这时船上的三根烟筒柱子突然发出了很大的响声。接到通知后，史密斯迅速和首席造船工程师一起去检查，终于发现4个水密舱都已进水，这意味着一两个小时之后，巨轮将沉没！

完了，史密斯知道大势已去，不得不发出命令：准备救生艇救人！此时，巨轮开始下沉，船上的人万分恐慌，都想争相逃命。"妇女和儿童先上救生艇！"面对乱七八糟的混乱场面，史密斯船长发出了最后一道指令。

15 日凌晨 2 时 20 分，巨轮断为两截沉入了海中，包括史密斯在内的 1503 人全部遇难。由于救生艇数量有限，最后只有 705 人生还，有许多人连尸体都无法找到。

悲剧原因

这场悲壮的灾难，直到今天仍让我们深感震撼。人们在探寻这场灾难的原因时，首先想到了冰山这一客观因素。

大西洋中的冰山是何处来的呢？其实，冰山并不是真正的山，而是漂浮在海洋中的巨大冰块。在两极地区，海洋中的波浪或潮汐猛烈地冲击着附近海洋的大陆冰，天长日久，它的前缘便慢慢地断裂下来，滑到海洋中，漂浮在水面上，形成了所谓的冰山。北极冰山和格陵兰、阿拉斯加等地都是北极地带冰山的老家，每年大约有 1.6 万座冰山离家漂行。南极海域是世界上冰山最多的地方,每年大约有20万座冰山在海洋里游弋。由于北冰洋和南极海洋的地理位置、海陆分布情况不同,冰山漂流的情况也不同。北大西洋中的冰山主要来自格陵兰,由拉布拉多洋流携带着向南漂移。而在北太平洋因有白令海峡这个关口,巨大的冰山很难通过,因此北太平洋洋面上很少见到冰山。冰山漂浮在海洋中,给航海和石油勘探带来很大威胁。当然,泰坦尼克的悲剧,船长和船员的疏忽不能不说是灾难的一大主观原因。因此,也可以说这是一场人为原因造成的灾难。

海上如何自救

专家告诉我们,在海上航行遭遇撞船灾难时,应该采取积极措施自救:

一、船艇被撞后并不一定马上下沉,此时应赶紧穿上救生衣,发出求救信号。专家特别提醒:穿救生衣时要像系鞋带那样打两个结。

二、一旦决定弃船,应在工作人员的指挥下,先让妇女儿童登上救生筏或者穿上船上的救生衣,按顺序离开事故船只。

三、如果不得不离开大船,应该穿戴暖和,最好选择毛织品。不要遗忘帽子、手套以及颈上的围巾。可能的话,拿上手电,抓些巧克力。登上救生船、木筏或橡皮筏时,不要推搡、喊叫或慌乱,应遵守秩序,加快速度。

四、救生艇或救生筏内的食物应每天计划食用,尽量节省。如果在海上漂流时间较长,食物不足时可捕捉鱼、鸟和采集海藻补充。

五、如果来不及登上救生筏或者救生筏不够,跳水时一定要远离船边,跳船的正确位置应该是船尾,并尽可能远跳,否则船下沉时产生的涡流会把人吸进船底下。

六、跳进水中时要保持镇定,既要防止被水上的漂浮物撞伤,又不要离出事船只太远，要耐心等待救援，看到救援船只时，要挥动手臂示意自己的位置。

可怕大雪崩

雪崩是寒流制造的杀手。1999年2月，欧洲阿尔卑斯山上的奥地利小镇遭遇大雪崩，聚积如山的积雪从天而降，导致60人丧生。

这场大灾难引起了全世界的关注，令人们对雪崩更加充满敬畏。

暴风雪来袭

阿尔卑斯山脉是欧洲最高的山脉，它东西延绵1200千米，平均海拔3000米左右。这座高大的山脉主要分布在瑞士和奥地利国境内。由于山体高大，阿尔卑斯山脉冬季白雪皑皑，景色壮观，吸引了无数游人前去观光度假，其中的滑雪场更是备受欧洲人欢迎。

位于阿尔卑斯山上的奥地利小镇加尔蒂，可以说是欧洲最著名的冬季度假胜地之一。那里三面环山，山崖陡峭险峻，"无限风光在险峰"，另一面地势比较平缓，开阔平缓的斜坡一直延伸到山脚下——独特而优越的地形，使这里成了极佳的天然滑雪场地。自从旅游业兴起，越来越多的游人涌入这里，使得加尔蒂这个名不见经传的小镇日益壮大。为了接待游客，小镇修建了许多建筑，由于地势所限，大量的宾馆、饭店、度假旅馆不得不背靠山崖、面向缓坡而建，这也为灾难的发生埋下了隐患。

灾难从1999年的1月开始酝酿。自1月下旬起，阿尔卑斯山区的气候十分异常，起初天气反常温暖，日日艳阳高照，寒冷的山区气温竟然一直上升，最高气温一度达到了5℃左右。紧接着，北方寒流不期而至。阿尔卑斯山区很快大雪飘飞，寒风劲吹，最大风力超过了12级。这场百年未遇的特大暴风雪持续了两个多星期，在阿尔卑斯山区降下了大量白雪，据气象部门统计，2月初以来该地区的降雪量达到了往年同期降雪量的7倍！

持续不断的暴风雪引起了人们的警惕。奥地利有关部门接二连三发出警报，特别提示加尔蒂小镇一带有可能发生雪崩。接到警报消息后，加尔蒂滑雪场很快关闭，游客们开始陆续离开加尔蒂小镇。不过，由于大雪封山，路越来越难辨认，客运能力大为降低，至2月18日，加尔蒂小镇上还有一部分游客来不及下山。

就在此时，鉴于特大暴风雪形成了一触即发的潜在雪崩，奥地利有关部门毅然发出了五级（即最高级）雪崩警戒令，并封闭了通往加尔蒂小镇的唯一道路。于是，大约有2000多名游客被困在了小镇上，与外界失去了联系。

可怕的大雪崩

暴风雪不但没有减弱，反而变本加厉：前两周每天的降雪量约在15厘米左右，而进入第三周后，最高的日降雪量增大到了30厘米，而且风力越来越大，已经超过了12级。

尽管天气十分恶劣，不过滞留在加尔蒂小镇上的游客对自身的安全并不担心，因为加尔蒂小镇在建镇初期，便已经充分考虑了暴风雪灾害的预防。当时专家们经过充分研究论证，并用计算机进行了精确计算，在全镇范围内针对雪崩可能性划分了三级区域：红色区域为可能发生雪崩灾害的危险区，黄色区域为较安全区，绿色区域为安全区。小镇上的宾馆、旅馆等建筑，就按照专家们的论证，全部建造在绿色安全区内。因此,游客们只要待在宾馆、旅馆内不外出乱走,人身安全还是有保障的。

不过,谁都没有想到:在特大暴风雪的肆虐下,看似安全的区域正变得极不安全起来。暴风雪肆虐近3个星期后,环绕加尔蒂小镇的峻峭山崖一片银白,堆满了大量积雪。这些厚厚的积雪如隐埋在山崖上的定时炸弹,变得岌岌可危。

"轰轰轰轰",2月23日下午3时59分,山崖上传来一阵可怕的轰鸣。小镇上的人们抬头看去,只见聚积如山的积雪沿着山崖倾泻而下,似万马奔腾般地顺坡扫荡,直扑加尔蒂小镇。

雪崩突然暴发了!一切发生得实在太快,整个过程不到三分钟,原来聚集在山崖顶上的大量积雪便一下冲入了加尔蒂小镇,在小镇上瞬间堆成了座硕大无比的"雪山",这"雪山"脚已经侵入了小镇安全区100多米,那里的所有建筑物、汽车、人员等都被压在了"雪山"之下……事后有幸存者回忆,只感到房屋突然剧烈震动,接着整个人体便全部被掩埋在雪中不能动弹了;也有幸存者回忆,只见一道近100米高的雪墙铺天盖地般扑了过来,人便失去了知觉。

有幸留在"雪山"外的人们,则遭到了巨大气流的冲击,并感受到了房屋的震颤。虽然只有短短的两三分钟,已经满地都是变了形、翻了身的汽车,到处可见被毁建筑的破碎构件。有些小屋与飞来的"雪山"擦肩而过,"雪山"边缘使它立即倾斜、坍塌;经过特别加固的小木屋被整体掀翻;结构特别坚固的建筑虽然没有倒塌,可是雪从门窗贯入,一刹那塞满了整个房间,室内的人和物一下子被雪固定了。至于压在"雪山"下的整条街道、大片建筑物群更是不堪设想。

这场雪崩灾难引起了全世界的关注，美国和德国军方及时出动军用直升机，将大批军人运抵加尔蒂小镇。虽然经过紧急拯救，然而仍然有 60 人在灾难中不幸丧生。

气候异常惹的祸

事后，经过专家们分析，认为这起灾难完全是因为 1999 年 1 月底、2 月初天气异常变化造成的。

气象数据显示，1999 年 1 月 29 日到 2 月 4 日这一周时间里，阿尔卑斯山区天气反常变暖，加尔蒂小镇一带气温从 $-20℃$ 一下子窜到了 $4℃$，致使山崖上的积雪开始融化，雪融水渗入了松散的积雪缝隙中。2 月 5 日，气温重又降到 $-10℃$ 以下，雪融水开始重新冻结，松散的积雪中大部分空隙被融水结成的冰填满，在山崖上形成了结实的冰雪层。紧接着，连续两周多的暴风雪把大量的积雪堆在了这一结实的冰雪层上，使积雪层不断堆高，积雪整体的总重量不断扩大，积聚了前所未有的巨大能量。当山崖上的积雪重量使下层结实的冰雪基础难以支持时，冰雪层开始松动。这时，当地刚好又遭遇了超过 12 级的大风，冰雪层终于不堪重负，一下子垮了下来。硕大的积雪体顷刻之间从山崖上塌落下来，终于酿成了空前的雪崩大灾难。

专家指出，山崖上积雪底层坚固的冰雪层是酿成雪崩大灾难的必要条件，而形成结实的冰雪底层的根本原因是 1 月底至 2 月初的异常变暖天气。当然，加尔蒂小镇一带天气突然异常变暖是在全球气候变暖的大环境中发生的，所以说到底，暴发如此巨大规模的雪崩灾难都是全球气候变暖惹的祸。